"十四五"高等教育学校教材·计算机软件工程系列

Python 大数据分析
技术及应用

袁文翠　唐国维　赵建民　编著
申静波　张　岩

哈尔滨工业大学出版社

内容简介

大数据技术涵盖面广、体系庞大,涉及不同层面及其相关技术。本书主要介绍大数据应用中的两大关键技术,即数据存储和数据处理与分析。首先介绍大数据的基本概念,然后基于 Hadoop 架构简要讲解 HDFS 大数据存储原理,剖析 MapReduce 和 Spark 分布式计算模型,重点通过 Python 语言详细介绍大数据处理、数据可视化和数据分析的方法及相关技术,同时详细介绍 PySpark 大数据分析的方法,最后通过综合案例演示大数据处理和分析过程。

本书力求较全面地介绍大数据的理论以及 Python 数据处理和分析的实践,使读者轻松学会利用 Python 进行大数据分析及应用的技术。本书适合信息类专业开设大数据技术课程时作为教材使用,也适合大数据相关技术人员作为入门参考书使用。

图书在版编目(CIP)数据

Python 大数据分析技术及应用/袁文翠等编著. —
哈尔滨:哈尔滨工业大学出版社,2024.9
ISBN 978-7-5767-1313-8

Ⅰ.①P… Ⅱ.①袁… Ⅲ.①软件工具-程序设计
Ⅳ.①TP311.561

中国国家版本馆 CIP 数据核字(2024)第 063672 号

策划编辑　王桂芝
责任编辑　周一瞳
出版发行　哈尔滨工业大学出版社
社　　址　哈尔滨市南岗区复华四道街 10 号　邮编 150006
传　　真　0451-86414749
网　　址　http://hitpress.hit.edu.cn
印　　刷　辽宁新华印务有限公司
开　　本　787 mm×1 092 mm　1/16　印张 15　字数 371 千字
版　　次　2024 年 9 月第 1 版　2024 年 9 月第 1 次印刷
书　　号　ISBN 978-7-5767-1313-8
定　　价　68.00 元

(如因印装质量问题影响阅读,我社负责调换)

◎ 前 言

　　大数据技术的发展如火如荼、方兴未艾,各行各业都迫切希望借助大数据技术挖掘有价值的信息,提升工作效率。目前,针对大数据技术的专项书籍层出不穷,如专门介绍大数据平台 Hadoop 的、聚焦 Spark 数据分析的、介绍数据挖掘算法的、介绍 Python 数据分析的等。如果人们希望对大数据的各项技术栈有一个较全面的了解,则需要翻阅多本书籍。为此,提供一本较全面的大数据从理论到实践的入门书籍,使读者能在短时间内了解大数据的基本理论,并能够进行初步数据分析和展示分析结果,对于部分工程技术人员或大专院校学生来说是一件非常有意义的事情。本书在借鉴同类书籍内容及部分网络公开资源的基础上,重点向读者介绍大数据基本概念,以及基于 Hadoop 平台介绍大数据技术中最核心的两部分内容——分布式存储系统 HDFS 和分布式处理框架 MapReduce,然后简介 Python 语言的基本语法,接着重点介绍 Python 数据处理和分析的方法,最后介绍利用 PySpark 进行大数据分析的方法。本书力求通过言简意赅的描述和丰富的示例引领读者了解和熟悉利用 Python 进行大数据分析和处理的方法及过程。

　　本书主要面向对大数据技术感兴趣的初学者,以及采用 Python 语言进行大数据分析的工程技术人员,即使没有 Python 语言基础,也可以通过阅读本书逐步学会使用 Python 进行数据处理和分析的方法。同时,本书也适合信息类专业的学生作为大数据技术的入门教材使用。

　　本书主要内容如下。

　　第一部分为第 1~3 章,主要介绍大数据概述、大数据分布式存储和大数据分布式处理。第二部分为第 4~8 章,主要介绍 Python 语言基础、Python 基本数据处理、Python 数据可视化、数据分析之机器学习和数据分析之文本分析;第三部分为第 9 章,主要介绍 PySpark 数据处理及分析;第四部分为第 10 章,主要介绍大数据应用综合案例。

　　第 1 章主要介绍大数据的定义、特点,大数据的发展历程,以及大数据的关键技术和计算模式。

　　第 2 章首先介绍大数据处理架构 Hadoop,展示 Hadoop 生态系统中各主要产品的功能;然后介绍 Windows 环境下 Hadoop 伪分布式安装及运行过程;最后介绍 Hadoop 中的 HDFS 分布式文件系统的体系结构及编程实践。

　　第 3 章介绍两个具有代表性的大数据分布式处理框架。首先介绍 Hadoop 中 MapReduce 模型及其工作原理,并以经典的词频统计为例介绍 MapReduce 的工作过程及编程实践;然后介绍另外一个目前较为流行的分布式计算框架——Spark,重点介绍 Spark 的运行架构、基本流程、RDD 基本概念及 Spark 的安装方法。Spark 在第 9 章将以 PySpark 版本展示其使用方法。

第 4 章主要介绍 Python 语言基础知识，包括基本语法、基本数据结构、函数和结构化编程等内容；还将介绍流行的数学库 NumPy，主要包括 NumPy 中数组的使用，NumPy 将是后续数据处理的基础；最后简介开源数据处理和分析的工具包 Pandas，主要涉及两类数据结构——Series 和 DataFrame。

第 5 章主要介绍 Python 的基本数据处理方法，包括数据清洗、数据透视、数据分组、离散化处理及合并数据集等。这部分涵盖了 Pandas 中一些非常有用的数据处理函数，如重复值和缺失值处理的函数 drop_duplicate 及 fillna、透视表函数 pivot_table、数据分组函数 group_by、离散化函数 cut 等。

第 6 章主要介绍 Python 数据可视化的方法。首先介绍常用的绘图包 matplotlib 基础及其可视化实例，然后简介另一个功能强大的绘图包 Seaborn，还将介绍网络中比较流行的词云图的构造方法，最后介绍图像库 PIL 和 OpenCV 的使用。

第 7 章主要面向数据分析中的机器学习，介绍利用 Python 语言实现机器学习中几个有代表性的算法，包括回归算法、支持向量机算法、KNN 分类算法和 KMeans 聚类算法等。

第 8 章主要介绍数据分析中的一个子领域，即文本分析，这也是自然语言处理（NLP）的一个子分支。本章首先介绍常用的距离度量和相似性度量方法，包括 TFIDF 向量表示法；然后通过实例介绍文本向量的表示及利用 NLTK 进行文本分析的方法。

第 9 章介绍 PySpark 的应用，即利用 Python 语言编写 Spark 应用程序，完成数据处理及分析，重点包括 PySpark 的基本数据操作和举例展示 PySpark 中的机器学习方法，最后通过案例介绍推荐系统的实现方法。

第 10 章介绍一个利用 Python 从互联网中获取数据、存储数据并进行简单分析和展示结果的较综合的案例。

本书中的大部分代码是在 Jupter Notebook 环境下调试运行通过的，因此代码格式中约定"In[ ]:"作为标记开始的代码行表示 Notebook 下输入的代码，"Out[ ]:"后接的内容表示代码运行的输出结果。

本书由袁文翠、唐国维、赵建民、申静波、张岩共同撰写，具体分工如下：第 1 ~ 3 章及第 10 章由袁文翠撰写，第 4、5 章由唐国维撰写，第 6 章由赵建民撰写，第 7、8 章由申静波撰写，第 9 章由张岩撰写。

由于时间仓促，作者水平有限，因此书中难免存在疏漏及不足之处，恳请广大读者批评指正，不胜感谢。

作　者
2024 年 6 月

◎目 录

Contents

第1章

大数据概述

随着信息技术和人类生产生活交汇融合,互联网快速普及,全球数据呈现爆发增长、海量集聚的特点,对经济发展、社会治理、国家管理、人民生活都产生了重大影响。综观社会各个方面的变化趋势,可以真正意识到信息爆炸或大数据时代已经到来。

以天文学为例,2000年斯隆数字巡天项目启动时,位于新墨西哥州的望远镜在短短几周内收集到的数据就比世界天文学历史上总共收集的数据还要多,到2010年,信息档案容量已经高达 $1.4×2^{42}$ B。天文学领域发生的变化在社会各个领域都在发生。2003年,人类第一次破译人体基因密码时,辛苦工作了十年才完成了三十亿对碱基对的排序,大约十年之后,世界范围内的基因仪每15 min就可以完成同样的工作。互联网公司谷歌每天要处理超过24 PB的数据,这意味着其每天的数据处理量是美国国家图书馆所有纸质出版物所含数据量的上千倍。与此同时,谷歌子公司的YouTube每月接待多达8亿的访客,平均每1 s就会有一段长度为1 h的视频上传。Twitter上的信息量几乎每年翻一番,每天都会发布超过4亿条微博。

从科学研究到医疗保险,从银行业到互联网,不同的领域都在讲着一个类似的故事,就是爆发式增长的数据量。这种增长超过了人们创造机器的速度,甚至超过了人们的想象。尤其是当增加所利用的数据量时,就可以做很多在小数据量的基础上无法完成的事情。大数据的科学价值和社会价值正是体现在这里。一方面,对大数据的掌握程度可以转化为经济价值的来源;另一方面,大数据已经撼动了世界的方方面面,包括商业科技、医疗、政府、教育、经济、人文及社会的其他各个领域。高芳于2018年5月28日在《光明日报》撰文指出,许多国家一向重视大数据在促进经济发展和社会变革、提升国家整体竞争力等方面的重要作用,大力抢抓大数据技术与产业发展先发优势,力争在数字经济时代占得先机。例如,美国稳步实施"三步走"战略,打造面向未来的大数据创新生态;英国紧抓大数据产业机遇,应对脱欧后的经济挑战等。从典型国家的新动向新举措中可以发现未来全球大数据发展的新趋势。

1.1　什么是大数据?

1.1.1　大数据的定义

所谓大数据,狭义上可以定义为:用现有的一般技术难以管理的大量数据的集合。对大量数据进行分析,并从中获得有用观点,这种做法在一部分研究机构和大企业中过去就已经存在了。现在的大数据与过去相比,主要有三点区别:第一,随着社交媒体和传感器网络等的发展,在人们身边正产生出大量且多样的数据;第二,随着硬件和软件技术的发展,数据的存储、处理成本大幅下降;第三,随着云计算的兴起,大数据的存储、处理环境已经没有必要自行搭建了。

所谓"用现有的一般技术难以管理",是指用目前在企业数据库占据主流地位的关系型数据库无法进行管理的、具有复杂结构的数据,也可以说,是指数据量的增大导致对数据的查询(query)响应时间超出允许范围的庞大数据。

研究机构 Gartner 给出了这样的定义:"大数据"是需要新处理模式才能具有更强的决策力、洞察发现力和流程优化能力的海量、高增长率和多样化的信息资产。

麦肯锡称:"大数据是指所涉及的数据集规模已经超过了传统数据库软件获取、存储、管理和分析的能力,并不定义大于一个特定数字的太字节才称为大数据。因为随着技术的不断发展,符合大数据标准的数据集容量也会增长,并且定义随不同的行业也有变化,这依赖于在一个特定行业通常使用何种软件和数据集有多大。因此,大数据在今天不同行业中的范围可以从几十太字节到几拍字节。"

1.1.2　大数据的特点

从字面来看,"大数据"这个词可能会让人觉得只是容量非常大的数据集合而已。但容量只不过是大数据特征的一个方面,如果只拘泥于数据量,就无法深入理解当前围绕大数据所进行的讨论。"用现有的一般技术难以管理"这样的状况并不仅是数据量增大这一个因素造成的。

IBM 公司称:"可以用三个特征相结合来定义大数据:数量(volume,或称容量)、种类(variety,或称多样性)和速度(velocity),或者就是简单的 3V,即容量庞大、种类丰富和速度极快的数据。"互联网数据中心(IDC)称:"大数据是一个貌似不知道从哪里冒出来的大的动力,其被设计用于:通过使用高速(velocity)的采集、发现和/或分析,从超大容量(volume)的多样(variety)数据中经济地提取价值(value),即所谓的 4V。"

(1)数量。

根据 IDC 的监测数据显示,2013 年全球大数据储量为 4.3 ZB(相当于47.24亿个 1 TB 容量的移动硬盘),2014 年和 2015 年全球大数据储量分别为 6.6 ZB 和 8.6 ZB。

近几年全球大数据储量的增速每年都保持在 40% 以上,2016 年甚至达到了 87.21% 的增长率。2016 年和 2017 年全球大数据储量分别为 16.1 ZB 和 21.6 ZB,2018 年全球大数据储量达到 33.0 ZB,2019 年全球大数据储量达到 41 ZB,2020 年和 2021 年达到了 53.7 ZB 和 61.2 ZB。2014—2022 年全球大数据储量及其增长情况如图 1.1 所示。

数据存储单位之间的换算关系为

1 GB = 1 024 MB,1 TB = 1 024 GB,1 PB = 1 024 TB,1 EB = 1 024 PB,1 ZB = 1 024 EB

(2)种类、多样性。

随着传感器、智能设备及社交协作技术的激增,企业中的数据也变得更加复杂,因为它不仅包括传统的关系型数据,还包括半结构化和非结构化数据。其中,只有 10% 的结构化数据存储在数据库中,90% 的非结构化数据与人类信息密切相关,包括科学研究中的基因组数据,地球与空间探测等数据,企业应用中的 E-mail、文档、文件、应用日志、交易记录等数据,Web 1.0数据(如文本、图像、视频等),Web 2.0 数据(如查询日志/点击流、Twitter/ Blog / SNS

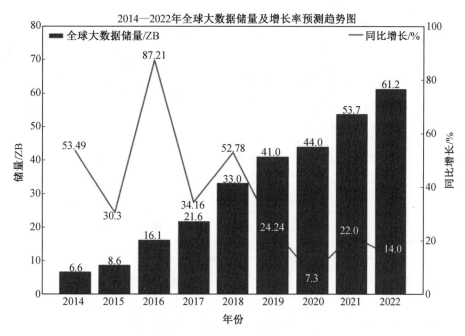

（数据来源：国际数据公司，中商产业研究院）

图 1.1　2014—2022 年全球大数据储量及其增长情况

和 Wiki 等）。

（3）速度。

数据的产生和更新的频率也是衡量大数据的一个重要特征。大数据时代的数据产生速度非常迅速。如在 1 min 内，新浪可以产生 2 万条微博，Twitter 可以产生 10 万条推文，苹果可以下载 4.7 万次应用，淘宝可以卖出 6 万件商品，百度可以产生 90 万次搜索查询，Facebook 可以产生 600 万次浏览量。大型强子对撞机（LHC）大约每秒产生 6 亿次的碰撞，每秒生成 700 MB 的数据，有成千上万台计算机分析这些碰撞。而有效处理大数据需要在数据变化的过程中对它的数量和种类执行分析，而不只是在它静止后执行分析，因此实时分析和处理大数据的速度通常要达到秒级响应，这点与传统的数据挖掘技术有着本质的不同，后者通常不要求给出实时分析结果。

（4）价值密度低（Value）。

大数据产生的价值密度低，但商业价值却很高。以视频分析为例，连续不间断监控过程中可能有用的数据仅一两秒，但是却具有很高的商业价值。

1.2　大数据的发展历程

大数据的发展历程总体上可以划分为三个重要阶段：萌芽期、成熟期和大规模应用期（表 1.1）。

表 1.1　大数据发展的三个阶段

阶段	时间	内容
第一阶段：萌芽期	20 世纪 90 年代至 21 世纪初	随着数据挖掘理论和数据库技术的逐步成熟，一批商业智能工具和知识管理技术开始被应用，如数据仓库、专家系统、知识管理系统等
第二阶段：成熟期	21 世纪前 10 年	Web 2.0 应用迅猛发展，非结构化数据大量产生，传统处理方法难以应对，带动了大数据技术的快速突破，大数据解决方案逐渐走向成熟，形成了并行计算和分布式系统两大核心技术，谷歌的 GFS 和 MapReduce 等大数据技术受到追捧，Hadoop 平台开始大行其道
第三阶段：大规模应用期	2010 年以后	大数据应用渗透各行各业，数据驱动决策，信息社会智能化程度大幅提高

下面简要回顾一下大数据的发展历程及我国大数据行业发展的相关政策。

（1）20 世纪末是大数据的萌芽期，处于数据挖掘技术阶段。随着数据挖掘理论和数据库技术的成熟，一些商业智能工具和知识管理技术开始被应用。

（2）2003—2006 年大数据技术快速突破，社交网络的流行导致大量非结构化数据出现，传统处理方法难以应对，数据处理系统、数据库架构开始重新思考。

（3）2008 年，《自然》杂志推出的大数据专刊——《计算社区联盟》发表了报告《大数据计算：在商业、科学和社会领域的革命性突破》，阐述了大数据技术及其面临的一些挑战。

（4）2006—2009 年，谷歌公开发表两篇论文《谷歌文件系统》和《基于集群的简单数据处理：MapReduce》，其核心的技术包括分布式文件系统 GFS、分布式计算系统框架 MapReduce、分布式锁 Chubby 及分布式数据库 BigTable，这期间大数据研究的焦点是性能、云计算、大规模的数据集并行运算算法，以及开源分布式架构（Hadoop），即大数据形成了并行计算和分布式系统。

（5）2010 年 2 月，肯尼斯·库克在《经济学人》上发表了一份关于管理信息的特别报告《数据，无所不在的数据》。

（6）2011 年 2 月，《科学》杂志推出专刊《处理数据》，讨论了科学研究中的大数据问题。

（7）2011 年，维克托·迈尔·舍恩伯格出版著作《大数据时代：生活、工作与思维的大变革》，引起轰动。维克托在此书中前瞻性地指出，大数据带来的信息风暴正在变革人们的生活、工作和思维，大数据开启了一次重大的时代转型，并讲述了大数据时代的思维变革、商业变革和管理变革。维克托最具洞见之处在于，他明确指出，大数据时代大的转变就是放弃对因果关系的渴求，取而代之的是关注相关关系。也就是说，只需要知道是什么，而不需要知道为什么。这颠覆了千百年来人类的思维惯例，对人类认知和与世界交流方式提出了全新挑战。《大数据时代》认为大数据的核心就是预测，大数据将为人类生活创造前所未有的可量化维度，已经成为新发明和新服务的源泉，更多的改变正蓄势待发。该书中展示了谷歌、微软、亚马逊、IBM、苹果、Facebook、Twitter、Visa 等大数据公司具有价值的应用案例。

（8）2011 年 5 月，麦肯锡全球研究院发布《大数据：下一个具有创新力、竞争力和生产力的前沿领域》，提出大数据时代到来。

（9）2012 年 3 月,美国发布了《大数据研究和发展倡议》,正式启动大数据发展计划,大数据上升为美国国家发展战略,被视为美国政府继信息高速公路计划之后在信息科学领域的又一重大举措。同年 4 月 19 日,美国软件公司 Splunk 在纳斯达克成功上市,成为第一家上市的大数据处理公司。同年 7 月,阿里巴巴集团在管理层设立首席数据官一职,负责全面推进数据分享平台战略,并推出大型的数据分享平台——聚石塔,为天猫、淘宝平台上的电商及电商服务商等提供数据云服务。随后,阿里巴巴董事局主席马云在 2012 年网商大会上发表演讲,称从 2013 年 1 月 1 日起将转型重塑平台、金融和数据三大业务。

（10）2013 年 12 月,中国计算机学会发布《中国大数据技术与产业发展白皮书》,系统地总结了大数据的核心科学与技术问题,推动了我国大数据学科的建设和发展,并为政府部门提供了战略性的意见和建议。

（11）2014 年,世界经济论坛以大数据的回报与风险主题发布了《全球信息技术报告（第 13 版）》。报告认为,在未来几年中,针对各种信息通信技术的政策甚至会显得更加重要。美国发布了 2014 年全球大数据白皮书的研究报告《大数据:抓住机遇、守护价值》。在中国,大数据首次出现在当年的《政府工作报告》中。报告中指出,要设立新兴产业创业创新平台,在大数据等方面赶超先进,引领未来产业发展,大数据旋即成为国内热议词汇。

（12）2015 年,国务院正式印发《促进大数据发展行动纲要》,明确推动大数据发展和应用,在未来 5～10 年打造精准治理、多方协作的社会治理新模式,建立运行平稳、安全高效的经济运行新机制,构建以人为本、惠及全民的民生服务新体系,开启大众创业、万众创新的创新驱动新格局,培育高端智能、新兴繁荣的产业发展新生态,标志着大数据正式上升为国家战略。

（13）2016 年 12 月,为贯彻落实《中华人民共和国国民经济和社会发展第十三个五年规划纲要》和《促进大数据发展行动纲要》,加快实施国家大数据战略,我国工业和信息化部编制了《大数据产业发展规划（2016—2020 年）》,明确了十三五时期大数据产业的发展思路、原则和目标,引导大数据产业持续健康发展,有力支撑了制造强国和网络强国建设。

（14）2017 年,大数据市场全面打开,各省市积极响应中央号召,兴建大数据产业和大数据中心,大数据行业呈现井喷,并且出台了多项政策扶持大数据。

（15）2021 年,我国发布了《中华人民共和国国民经济和社会发展第十四个五年规划和 2035 年远景目标纲要》,提出了加快数字化发展,建设数字中国。同年,出台了《“十四五”大数据产业发展规划》,立足推动大数据产业从培育期进入高质量发展期,在“十三五”规划提出的产业规模 1 万亿元目标基础上,提出“到 2025 年底,大数据产业测算规模突破 3 万亿元”的增长目标。

（16）2022 年,《2022 年国务院政府工作报告》中提出,要加强数字中国建设整体布局,建设数字信息基础设施,逐步构建全国一体化大数据中心体系,推进 5G 规模化应用,促进产业数字化转型,发展智慧城市、数字乡村,加快发展工业互联网,培育壮大集成电路、人工智能等数字产业,提升关键软硬件技术创新和供给能力,完善数字经济治理,培育数据要素市场,释放数据要素潜力,提高应用能力,更好赋能经济发展、丰富人民生活。

（17）在国务院《2024 年政府工作报告》中提出了 2024 年政府工作任务之一为深入推进数字经济创新发展。制定支持数字经济高质量发展政策,积极推进数字产业化、产业数字化,促进数字技术和实体经济深度融合。深化大数据、人工智能等研发应用,开展“人工智能+”行动,打造具有国际竞争力的数字产业集群。健全数据基础制度,大力推动数据开发开放和流通使用。

1.3　大数据关键技术

人们谈到大数据时,往往并非仅指数据本身,而是数据和大数据技术这二者的综合。大数据技术是指伴随着大数据的采集、存储、分析和应用的相关技术,是从各种类型的数据中快速获得有价值信息的技术,是一系列使用非传统的工具来对大量的结构化、半结构化和非结构化数据进行处理,从而获得分析和预测结果的一系列数据处理和分析技术。

讨论大数据技术时,需要首先了解大数据的基本处理流程,主要包括数据采集、存储、分析和结果呈现等环节。数据无处不在,互联网网站、政务系统、办公系统、监控摄像头、传感器等每时每刻都在不断产生数据。这些分散在各处的数据需要采用响应的设备或软件进行采集。采集到的数据通常无法直接用于后续的数据分析,因为对于来源众多、类型多样的数据来说,数据缺失和语义模糊等问题是不可避免的,因此必须采取相应的措施有效地解决这些问题,这就需要数据预处理过程,把数据变成可用的状态。数据经过预处理后,会被存放到文件系统或数据库系统中进行存储及管理,然后采用数据挖掘工具对数据进行处理与分析,最后采用可视化工具为用户呈现结果。在整个数据处理过程中,还必须注意隐私保护和数据安全问题。

从数据分析全流程的角度看,大数据技术主要包括数据采集及预处理、数据存储及管理、数据处理及分析、数据隐私及安全等几个层面的内容。大数据技术的不同层面及其功能见表1.2。

表 1.2　大数据技术的不同层面及其功能

技术层面	释义	分类	技术/工具
数据采集及预处理	利用 ETL 工具将分布的、异构数据源中的数据(如关系数据、平面数据文件等)抽取到临时中间层后进行清洗、转换、集成,最后加载到数据仓库或数据集市中,成为联机分析处理、数据挖掘的基础;也可以把实时采集的数据作为流计算系统的输入,进行实时处理分析	已有数据接入、实时数据接入、文件数据接入、消息记录数据接入、文字数据接入、图片数据接入、视频数据接入、数据清洗、转换、脱敏、脱密、数据资产管理、数据导出	Kafka、ActiveMQ、ZeroMQ、Flume、Sqoop、Socket(Mina、Netty)、ftp/sftp、Kafka、ActiveMQ、ZeroMQ、Dubbo、Socket(Mina、Netty)、ftp/sftp、RestFul、Web Service 等
数据存储及管理	利用分布式文件系统、数据仓库、关系数据库、NoSQL 数据库、云数据库等,实现对结构化、半结构化和非结构化海量数据的存储和管理	结构化数据存储、半结构化数据存储、非结构化数据存储	HDFS、Hbase、Hive、S3、Kudu、MongoDB、Neo4J、Redis、Alluxio(Tachyon)、Lucene、Solr、ElasticSearch 等

续表1.2

技术层面	释义	分类	技术/工具
数据处理及分析	利用分布式并行编程模型和计算框架,结合机器学习和数据挖掘算法,实现对海量数据的处理和分析;对分析结果进行可视化呈现,帮助人们更好地理解数据、分析数据	离线分析、准实时分析、实时分析、图片识别、语音识别、机器学习、图化展示(散点图、折线图、柱状图、地图、饼图、雷达图、K线图、箱线图、热力图、关系图、矩形树图、平行坐标、桑基图、漏斗图、仪表盘)、文字展示等	MapReduce、Hive、Pig、Spark、Flink、Impala、Kylin、Tez、Akka、Storm、S4、Mahout、MLlib、Echarts、Tableau 等
数据隐私及安全	在从大数据中挖掘潜在的巨大商业价值和学术价值的同时,构建隐私数据保护体系和数据安全体系,有效保护个人隐私和数据安全	用户隐私保护、大数据的可信性、大数据访问控制等	数据精度处理、人工加扰、数据匿名处理、隐私数据可信销毁、数据水印技术、数据溯源技术等

最核心的关键技术是数据存储及管理和数据处理及分析。本书将在第 2 章介绍大数据存储框架 Hadoop,第 3 章简单介绍大数据分布式编程模型 MapReduce 和 Spark,第 4～9 章重点介绍利用 Python 语言进行数据处理与分析的方法及相关技术,这里包括了对单台计算机上的数据集进行处理和分析的方法,因为这是 Python 数据处理和分析的基础,同时也包括对分布式文件系统(如 HDFS)中的数据集进行分析的方法,主要采用 PySpark 分布式计算框架来实现。只有掌握了对任意数据进行分析的方法,才可以在实际应用中游刃有余地选择相关技术。

1.4　大数据计算模式

大数据处理的问题复杂多样,单一的计算模式无法满足不同类型的计算需求。常见的大数据计算模式包括批处理计算、流计算、图计算和查询分析计算等。大数据计算模式及其代表产品见表 1.3。

表 1.3　大数据计算模式及其代表产品

大数据计算模式	解决问题	代表产品
批处理计算	针对大规模数据的批量处理	MapReduce、Spark 等
流计算	针对流数据的实时计算	Storm、S4、Flume、Streams、Puma、DStream、Super Mario、银河流数据处理平台等

续表1.3

大数据计算模式	解决问题	代表产品
图计算	针对大规模图结构数据的处理	Pregel、GraphX、Giraph、PowerGraph、Hama、GoldenOrb 等
查询分析计算	大规模数据的存储管理和查询分析	Dremel、Hive、Cassandra、Impala 等

1. 批处理计算

批处理计算主要解决针对大规模数据的批量处理,也是日常数据分析工作中十分常见的一类数据处理需求。MapReduce 是最具有代表性和影响力的大数据批处理技术,可以并行执行大规模数据处理任务,用于大规模数据集(大于 1 TB)的并行运算。MapReduce 极大地方便了分布式编程工作,它将复杂的、运行于大规模集群上的并行计算过程高度地抽象到了两个函数——Map 和 Reduce 上,编程人员在不会分布式并行编程的情况下,也可以很容易地将自己的程序运行在分布式系统上,完成海量数据集的计算。

Spark 是一个针对超大数据集合的低延迟的集群分布式计算系统,比 MapReduce 快许多。Spark 启用了内存分布数据集,除能够提供交互式查询外,还可以优化迭代工作负载。在 MapReduce 中,数据流从一个稳定的来源进行一系列加工处理后,流出到一个稳定的文件系统(如 HDFS)。而对于 Spark 而言,则使用内存替代 HDFS 或本地磁盘来存储中间结果。因此,Spark 要比 MapReduce 的速度快许多。

2. 流计算

流数据也是大数据分析中的重要数据类型。流数据(或数据流)是指在时间分布和数量上无限的一系列动态数据集合体,数据的价值随着时间的流逝而降低,因此必须采用实时计算的方式给出秒级响应。流计算可以实时处理来自不同数据源的、连续到达的流数据,经过实时分析处理,给出有价值的分析结果。目前,业内已涌现出许多的流计算框架与平台:第一类是商业级的流计算平台,包括 IBM InfoSphere Streams 和 IBM StreamBase 等;第二类是开源流计算框架,包括 Twitter Storm、Yahoo! S4(Simple Scalable Streaming System)、Spark Streaming 等;第三类是公司为支持自身业务开发的流计算框架,如 Facebook 使用 Puma 与 HBase 相结合来处理实时数据,百度开发了通用实时流数据计算系统 DStream,淘宝开发了通用流数据实时计算系统——银河流数据处理平台。

3. 图计算

在大数据时代,许多大数据都是以大规模图或网络的形式呈现的,如社交网络、传染病传播途径、交通事故对路网的影响等。此外,许多非图结构的大数据也常常会被转换为图模型后再进行处理分析。MapReduce 作为单输入、两阶段、粗粒度数据并行的分布式计算框架,在表达多迭代、稀疏结构和细粒度数据时往往显得力不从心,不适合用来解决大规模图计算问题。因此,针对大型图的计算,需要采用图计算模式,目前已经出现了不少相关图计算产品。Pregel 是一种基于批量同步并行(bulk synchronous parallel,BSP)模型实现的并行图处理系统。为解决大型图的分布式计算问题,Pregel 搭建了一套可扩展的、有容错机制的平台。该平台提供了一套非常灵活的应用程序编程接口(API),可以描述各种各样的图计算。Pregel 主要用于图遍历、最短路径、PageRank 计算等。其他代表性的图计算产品还包括 Facebook 针对 Pregel 的开源实现 Giraph、Spark 下的 GraphX、图数据处理系统 PowerGraph 等。

4.查询分析计算

针对超大规模数据的存储管理和查询分析,需要提供实时或准实时的响应,才能很好地满足企业经营管理需求。谷歌公司开发的 Dremel 是一种可扩展的、交互式的实时查询系统,用于只读嵌套数据的分析。通过结合多级树状执行过程和列式数据结构,Dremel 能做到几秒内完成对万亿张表的聚合查询。系统可以扩展到成千上万的中央处理器(CPU)上,满足谷歌上万用户操作拍字节级的数据,并且可以在 2～3 s 内完成拍字节级别数据的查询。此外,Cloudera 公司参考 Dremel 系统开发了实时查询引擎 Impala,它提供结构化查询语言(SQL)语义,能快速查询存储在 Hadoop 的 HDFS 和 HBase 中的拍字节级大数据。

本 章 小 结

本章介绍了大数据技术的发展历程,并介绍了大数据的特点,即大数据具有数据量大、数据类型繁多、处理速度快、价值密度低等特点,统称4V。同时,本章还介绍了大数据关键技术,主要包括数据采集及预处理、数据存储及管理、数据处理及分析、数据隐私及安全等几个层面的内容及其计算模式。

课 后 习 题

1.什么是大数据? 请简述 IBM 和 IDC 关于大数据特征的描述。

2.大数据关键技术有哪些? 最核心的关键技术是什么?

3.常见的大数据计算模式包括哪四类? 流计算模式用于处理什么样的数据场景,代表产品有哪些?

第2章

大数据分布式存储

2.1 大数据处理架构 Hadoop

2.1.1 概述

1. Hadoop 简介

Hadoop 是 Apache 软件基金会旗下的一个开源分布式计算平台,为用户提供了系统底层细节透明的分布式基础架构。Hadoop 是基于 Java 语言开发的,具有很好的跨平台特性,并且可以部署在廉价的计算机集群中。Hadoop 的核心是分布式文件系统 HDFS 和分布式计算模型 MapReduce。HDFS 是针对谷歌文件系统(Google file system,GFS)的开源实现,是面向普通硬件环境的分布式文件系统,具有较高的读写速度、很好的容错性和可伸缩性,支持大规模数据的分布式存储,其冗余数据存储的方式很好地保证了数据的安全性。Hadoop 中的 MapReduce 是针对谷歌 MapReduce 的开源实现,允许用户在不了解分布式系统底层细节的情况下开发并行应用程序,采用 MapReduce 来整合分布式文件系统上的数据,可保证分析和处理数据的高效性。借助 Hadoop,程序员可以轻松地编写分布式并行程序,将其运行于廉价计算机集群上,完成海量数据的存储和计算。

Hadoop 被公认为行业大数据标准开源软件,在分布式环境下提供了海量数据的处理能力,几乎所有主流厂商都围绕 Hadoop 提供开发工具、开源软件、商业化工具和技术服务,如谷歌、雅虎、微软、思科、淘宝等都支持 Hadoop。

2. Hadoop 发展简史

Hadoop 最初是由 Apache Lucene 项目的创始人 Doug Cutting 开发的文本搜索库。Hadoop 源自始于 2002 年的 Apache Nutch 项目———一个开源的网络搜索引擎,其也是 Lucene 项目的一部分。2002 年,Apache Nutch 项目遇到了棘手的难题,该搜索引擎框架无法扩展到拥有数十亿网页的网络。2003 年,谷歌公司发布了 GFS 方面的论文,可以解决大规模数据存储方面的问题。于是,在 2004 年,Nutch 项目模仿 GFS 开发了自己的分布式文件系统 NDFS,也就是 HDFS 的前身。2004 年,谷歌公司又发表了另一篇具有深远影响的论文,阐述了 MapReduce 分布式编程思想。2005 年,Nutch 开源实现了谷歌的 MapReduce。2006 年 2 月,Nutch 中的 NDFS

和 MapReduce 开始独立出来,成为 Lucene 项目的一个子项目,称为 Hadoop,同时 Doug Cutting 加盟雅虎。2008 年 1 月,Hadoop 正式成为 Apache 顶级项目,Hadoop 也逐渐开始被雅虎之外的其他公司使用。2008 年 4 月,Hadoop 打破世界纪录,成为最快排序 1 TB 数据的系统,它采用一个由 910 个节点构成的集群进行运算,排序时间只用了 209 s。2009 年 5 月,Hadoop 更是把 1 TB 数据排序时间缩短至 62 s,Hadoop 从此名声大震,迅速发展成为大数据时代最具影响力的开源分布式开发平台,并成为事实上的大数据处理标准。

3. Hadoop 的特性

Hadoop 是一个能够对大量数据进行分布式处理的软件框架,并且是以一种可靠、高效、可伸缩的方式进行处理的。它具有以下几个方面的特性。

(1)高可靠性。Hadoop 采用冗余数据存储方式,即使一个副本发生故障,其他副本也可以保证正常对外提供服务。

(2)高效性。作为并行分布式计算平台,Hadoop 采用分布式存储和分布式处理两大核心技术,能够高效地处理拍字节级数据。

(3)高可扩展性。Hadoop 的设计目标是可以高效稳定地运行在廉价的计算机集群上,可以扩展到数以千计的计算机节点上。

(4)高容错性。Hadoop 采用冗余数据存储方式,自动保存数据的多个副本,并且能够自动将失败的任务进行重新分配。

(5)成本低。Hadoop 采用廉价的计算机集群,成本较低,普通用户也很容易用自己的个人计算机(PC)搭建 Hadoop 环境。

(6)支持多种编程语言。Hadoop 上的应用程序除可以使用 Java 语言编写外,也可以使用其他语言编写,如 C++。

4. Hadoop 的应用现状

Hadoop 凭借其突出的优势,已经在各个领域得到了广泛的应用,而互联网领域是其应用的主阵地。2007 年,雅虎在 Sunnyvale 总部建立了 M45——一个包含了 4 000 个处理器和 1.5 PB 容量的 Hadoop 集群系统。Facebook 作为全球知名的社交网站,Hadoop 是非常理想的选择,Facebook 主要将 Hadoop 平台用于日志处理、推荐系统和数据仓库等方面。国内采用 Hadoop 的公司主要有百度、淘宝、网易、华为、中国移动等,其中淘宝的 Hadoop 集群较大。

5. Apache Hadoop 版本演变

Apache Hadoop 版本分为两代:第一代 Hadoop 称为 Hadoop 1.0,第二代 Hadoop 称为 Hadoop 2.0。第一代 Hadoop 包含三个版本,分别是 0.20.x,0.21.x 和 0.22.x。其中,0.20.x 最后演化成 1.0.x,变成稳定版。第二代 Hadoop 包含两个版本,分别是 0.23.x 和 2.x,它们完全不同于 Hadoop 1.0,是一套全新的架构,均包含 HDFS Federation 和 YARN 两个系统。

目前,Hadoop 的发行版除 Apache 的开源版本外,还有一些商业公司推出的 Hadoop 第三方发行版,如华为发行版、Intel 发行版、Cloudera 发行版(CDH)、Hortonworks 发行版(HDP)、MapR 等。这些发行版均是基于 Apache Hadoop 衍生出来的,因为 Apache Hadoop 的开源协议允许任何人对其进行修改并作为开源或者商业产品发布。国内大多数公司的发行版是收费的,如 Intel 发行版、华为发行版等。不收费的 Hadoop 版本主要有四个,分别是 Apache 基金会 Hadoop、Cloudera 版本(CDH)、Hortonworks 版本(HDP)、MapR 版本等。

Apache 社区版本的优缺点如下。

(1)优点。

完全开源免费,社区活跃,文档、资料详实。

(2)缺点。

①版本管理复杂。版本管理比较混乱,各种版本层出不穷,让使用者不知所措。

②集群部署、安装、配置复杂。通常按照集群需要编写大量的配置文件,分发到每一台节点上,容易出错,效率低下。

③集群运维复杂。对集群的监控、运维需要安装第三方的其他软件,如 ganglia、nagois 等,运维难度较大。

④生态环境复杂。在 Hadoop 生态圈中,组件的选择、使用(如 Hive、Mahout、Sqoop、Flume、Spark、Oozie 等)需要大量考虑兼容性的问题,如版本是否兼容、组件是否有冲突、编译是否能通过等,经常会浪费大量的时间去编译组件,解决版本冲突问题。

第三方发行版本(如 CDH、HDP、MapR 等)优缺点如下。

(1)优点。

①基于 Apache 协议,100% 开源。

②版本管理清晰。如 Cloudera、CDH1、CDH2、CDH3、CDH4、CDH5 等,后面加上补丁版本,如 CDH4.1.0 patch level 923.142,表示在原生态 Apache Hadoop 0.20.2 基础上添加了 1 065 个 patch。

③比 Apache Hadoop 在兼容性、安全性、稳定性上有增强。第三方发行版通常都经过了大量的测试验证,有众多部署实例,大量地运行到各种生产环境。

④版本更新快。通常情况下,如 CDH 每个季度会有一个 update,每一年会有一个 release。提供了部署、安装、配置工具,大大提高了集群部署的效率,可以在几个小时内部署好集群。

⑤运维简单。提供了管理、监控、诊断、配置修改的工具,管理配置方便,定位问题快速、准确,使运维工作简单有效。

(2)缺点。

涉及厂商锁定的问题,当然部分可以通过技术解决。

2.1.2　Hadoop 生态系统

经过多年的发展,Hadoop 生态系统不断完善和成熟。目前,已经包含多个子项目 Hadoop 的项目结构不断丰富发展,形成了一个丰富的 Hadoop 生态系统,如图 2.1 所示。

除核心的 HDFS 和 MapReduce 外,Hadoop 生态系统还包括 ZooKeeper、Hbase、Hive、Pig、Mahout、Sqoop、Flume、Ambari 等功能组件,Hadoop 主要组件及其功能见表 2.1。

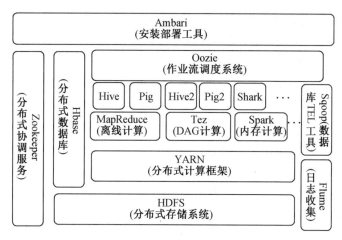

图 2.1　Hadoop 生态系统

表 2.1　Hadoop 主要组件及其功能

组件	功能
HDFS	分布式文件系统
MapReduce	分布式并行编程模型
YARN	资源管理和调度器
Tez	运行在 YARN 之上的下一代 Hadoop 查询处理框架
Hive	Hadoop 上的数据仓库
HBase	Hadoop 上的非关系型分布式数据库
Pig	一个基于 Hadoop 的大规模数据分析平台,提供类似 SQL 的查询语言 Pig Latin
Sqoop	用于在 Hadoop 与传统数据库之间进行数据传递
Oozie	Hadoop 上的工作流管理系统
ZooKeeper	提供分布式协调一致性服务
Storm	流计算框架
Flume	一个高可用、高可靠、分布式的海量日志采集、聚合和传输的系统
Ambari	Hadoop 快速部署工具,支持 Apache Hadoop 集群的供应、管理和监控
Kafka	一种高吞吐量的分布式发布订阅消息系统,可以处理消费者规模网站中的所有动作流数据
Spark,Shark	类似于 Hadoop MapReduce 的通用并行框架
Mahout	提供一些可扩展的机器学习领域经典算法的实现,如聚类、分类、推荐过滤等

2.1.3　Hadoop 的安装与使用

　　Hadoop 本身可以运行在 Linux、Windows 及其他一些类 UNIX 系统(如 Solaris 等)之上,但 Hadoop 官方真正支持的平台只有 Linux。因此,在其他平台运行 Hadoop 时,往往需要安装其他的包或程序(如 Cygwin)来提供一些 Linux 操作系统的功能,以配合 Hadoop 的执行。在 Windows 环境下安装 Hadoop 可以选择先安装虚拟机,其上安装 Linux 环境,如使用免费版的 Ubuntu,然后安装 Hadoop。简便起见,选择在常用的 Windows 操作系统平台上直接完成

Hadoop 的安装,这种方式仅供教学使用,在实际开发场景中,还是建议使用 Linux 平台(关于 Linux 平台中 Hadoop 的安装,文献[1]中有详尽的介绍,此处不再赘述)。

1. Hadoop 安装模式

Hadoop 安装可以分为三种模式,分别是单机模式、伪分布式模式和分布式模式。

(1)单机模式。

Hadoop 默认模式为单机模式(非分布式模式,本地模式),无须进行其他配置即可运行。非分布式即单 Java 进程,方便进行调试。

(2)伪分布式模式。

Hadoop 可以在单节点上以伪分布式的方式运行,Hadoop 进程以分离的 Java 进程来运行,节点既作为 NameNode,也作为 DataNode。同时,读取的是 HDFS 中的文件。

(3)分布式模式。

使用多个节点构成集群环境来运行 Hadoop。

本书将介绍 Hadoop 伪分布式安装的主要步骤。

2. Hadoop 伪分布式安装

本书主要介绍 Windows 下的 Hadoop 安装过程,本次安装使用的软件版本为 JDK 8.0、Hadoop 2.8.3,以及为保证 Windows 环境下能正常运行 Hadoop 的支持包 WINUTILS. EXE FOR HADOOP-2.8.3。基本安装配置主要包括以下几个步骤。

(1)JDK 8.0 安装。

确保机器上已安装 JDK 8.0 或以上版本。需要注意的是:设置 JAVA_HOME 环境变量,指向 Java 的 JDK 安装路径,然后将"%JAVA_HOME%\BIN"加到 PATH 环境变量中。尤其注意:Java 的安装路径中不能有空格,否则将报 JAVA_HOME 环境变量设置错误。重新安装完 Java 后要重新启动机器。

(2)下载 hadoop-2.8.3. tar. gz 并解压。

下载路径为 HTTP://ARCHIVE. APACHE. ORG/DIST/HADOOP/COMMON/HADOOP-2.8.3/。

解压到指定硬盘目录,如本实验中解压到 D:\hadoop-2.8.3 文件夹中。Windows 下 Hadoop 文件夹结构示意图如图 2.2 所示。

(3)配置环境变量。

配置环境变量 HADOOP_HOME,并在环境变量 Path 中加上"%HADOOP_HOME%\bin"。HADOOP_HOME 配置如图 2.3 所示。

(4)获取依赖文件。

把 Hadoop 2.8.3 的依赖文件 hadoop. dll 和 winutils. exe 复制一份放到 D:\hadoop-2.8.3\bin 目录中,并将其中的 hadoop. dll 在 C:\Windows\System32 下也放一份。注意:此步骤是在 Windows 下安装 Hadoop 特有的,目的是使 Hadoop 在 Windows 下正常运行,而 Linux 下则不需要。

(5)文件配置。

到 D:\hadoop-2.8.3\etc\hadoop 目录下找到下面四个文件,并按下面所示进行最小配置。注意, file:/hadoop/data/dfs/namenode 和 file:/hadoop/data/dfs/datanode 是将来存放 hadoop 名称节点和数据节点的文件夹,此处默认建在 D 盘。

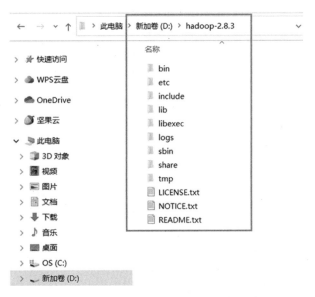

图 2.2　Windows 下 Hadoop 文件夹结构示意图

图 2.3　HADOOP_HOME 配置

①core-site. xml。

```
<configuration>
    <property>
        <name>fs. defaultFS</name>
        <value>hdfs：∥localhost：9000</value>
    </property>
</configuration>
```

其中，name 为 fs. defaultFS 的值，表示 HDFS 路径的逻辑名称。

②hdfs-site. xml。

```
<configuration>
    <property>
        <name>dfs. replication</name>
        <value>1</value>
    </property>
    <property>
        <name>dfs. namenode. name. dir</name>
        <value>file:/hadoop/data/dfs/namenode</value>
    </property>
    <property>
        <name>dfs. datanode. data. dir</name>
        <value>file:/hadoop/data/dfs/datanode</value>
    </property>
</configuration>
```

其中,dfs. replication 表示副本的数量,伪分布式要设置为 1;dfs. namenode. name. dir 表示本地磁盘目录,是存储 fsimage 文件的地方;dfs. datanode. data. dir 表示本地磁盘目录,是 HDFS 数据存放 block 的地方。

③mapred-site. xml。

```
<configuration>
    <property>
        <name>mapreduce. framework. name</name>
        <value>yarn</value>
    </property>
</configuration>
```

其中,mapreduce. framework. name 为 MapReduce 的资源管理和调度平台。

④yarn-site. xml。

```
<configuration>
    <property>
        <name>yarn. nodemanager. aux-services</name>
        <value>mapreduce_shuffle</value>
    </property>
    <property>
        <name>yarn. nodemanager. aux-services. mapreduce_shuffle. class</name>
        <value>org. apache. hadoop. mapred. ShuffleHandler</value>
```

```
</property>
</configuration>
```

其中,yarn. nodemanager. aux-services 为 YARN 的服务列表,多个服务的情况下以逗号分隔;yarn. nodemanager. aux-services. mapreduce_shuffle. class 为 MapReduce 运行需要设置的 shuffle 服务。

（6）启动 Hadoop。

启动 Windows 命令行窗口,进入 D:\hadoop-2.8.3\bin 目录,先格式化 namenode,再启动 hadoop。

首先,格式化名称节点,Hadoop 格式化名称节点操作如图 2.4 所示,使用命令:

hadoop namenode-format

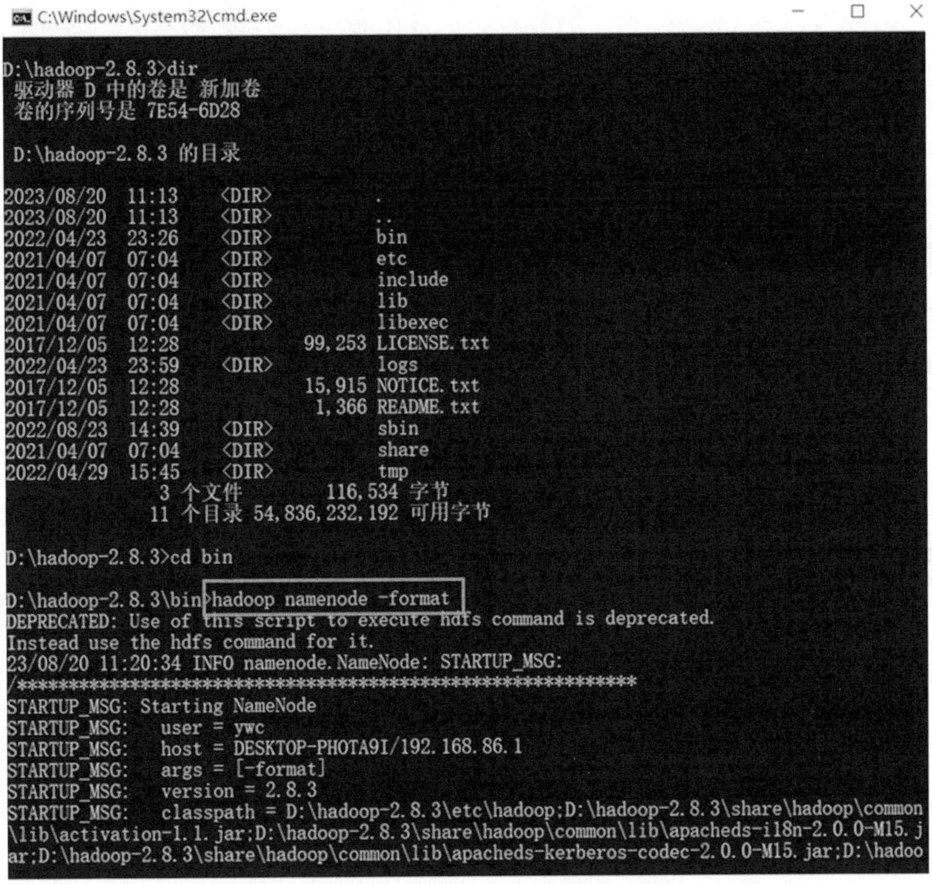

图 2.4　Hadoop 格式化名称节点操作

此命令完成了 namenode 节点的创建,将按照 hdfs-site. xml 文件中设置的路径创建 HDFS 的文件系统目录。例如,本例中创建了一个 D:\hadoop\data\dfs 及其子文件夹。需要注意的是,该命令不可随意重复使用,除非希望重新构建 HDFS 文件系统并清除历史 HDFS 文件才可再次格式化名称节点。

然后转到 D:\hadoop-2.8.3\sbin 目录下执行下列命令启动 Hadoop:

start-all. cmd

启动 Hadoop 命令结果如图 2.5 所示。通过 jps(jps 是 JVM 中的命令)命令可以看到四个进程在运行(图2.6)。到这里,Hadoop 的安装启动已经完毕。

```
D:\hadoop-2.8.3\bin>cd ..

D:\hadoop-2.8.3>cd sbin

D:\hadoop-2.8.3\sbin>start-all
This script is Deprecated. Instead use start-dfs.cmd and start-yarn.cmd
starting yarn daemons

D:\hadoop-2.8.3\sbin>
```

图2.5　启动 Hadoop 命令结果

```
D:\hadoop-2.8.3\sbin>jps
10064 ResourceManager
11784 Jps
5336 NodeManager
10156 NameNode
124 DataNode
```

图2.6　用 jps 命令查看启动的进程

可以用浏览器到 localhost:8088 查看 MapReduce 任务,在浏览器中查看 MapReduce 任务如图2.7 所示。

到 localhost:50070→Utilites→Browse the file system 查看 HDFS 文件。

如果重启 Hadoop,无须再格式化 namenode,只要在 CMD 窗口中运行 stop-all. cmd 再运行 start-all. cmd 即可。

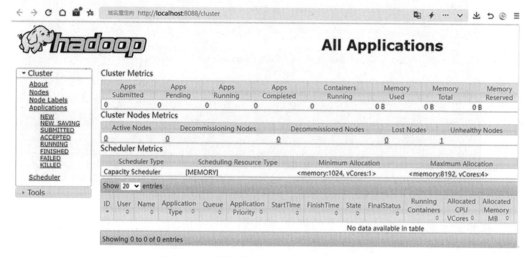

图2.7　在浏览器中查看 MapReduce 任务

2.2　分布式文件系统 HDFS

当需要存储的数据集的大小超过一台独立的物理计算机的存储能力时,就需要对数据进行分区并分布存储到多个计算机节点上,成千上万的计算机节点构成了计算机集群。用于管理网络中跨多台计算机存储的文件系统称为分布式文件系统(distributed file system)。与之前使用多个处理器和专用高级硬件的并行化处理装置不同的是,目前的分布式文件系统所采用的计算机集群都是由普通硬件构成的,这可以大大降低硬件上的开销。由于分布式文件系统具有跨计算机的特性,因此依赖于网络的传输,势必会比普通的本地文件系统更加复杂,如何使得文件系统能够容忍节点的故障并且保证不丢失数据是一个很大的挑战。

2.2.1　HDFS 简介

HDFS 是 Hadoop 生态系统的一个重要组成部分,是 Hadoop 中的存储组件,是最基础的一部分,在整个 Hadoop 中的地位非同一般,因为它涉及数据存储,MapReduce 等计算模型都要依赖于存储在 HDFS 中的数据。HDFS 是一个分布式文件系统,以流式数据访问模式存储超大文件,将数据分块存储到一个商业硬件集群内的不同机器上。另外,HDFS 不支持低时间延迟的数据访问,其关心的是高数据吞吐量,不适合那些要求低时间延迟数据访问的应用,而且 HDFS 是单用户写入,数据以读为主,写操作总是以添加的形式在文末追加,不支持在任意位置进行修改。

此外,还涉及以下几个概念。

(1)超大文件。目前的 Hadoop 集群能够存储几百太字节甚至拍字节级的数据。

(2)流式数据访问。HDFS 的访问模式是一次写入,多次读取,更加关注的是读取整个数据集的整体时间。

(3)商用硬件。HDFS 集群的设备不需要多么昂贵和特殊,只要是一些日常使用的普通硬件即可。正因为如此,HDFS 节点故障的可能性还是很高的,所以必须要有机制来处理这种单点故障,保证数据的可靠。

2.2.2　HDFS 体系结构

1. HDFS 中数据块的概念

每个磁盘都有默认的数据块大小,这是文件系统进行数据读写的最小单位。HDFS 同样也有数据块的概念,默认一个块(block)的大小为 128 MB(从 Hadoop 2.7.3 版本开始是 128 MB,此版本之前是 64 MB),块的大小远大于普通文件系统,可以最小化寻址开销。在 HDFS 中存储的文件可以划分为多个块,每个块可以成为一个独立的存储单元。与本地磁盘不同的是,HDFS 中小于一个块大小的文件并不会占据整个 HDFS 数据块。

对 HDFS 存储进行分块有很多好处。

(1)支持大规模文件存储。一个文件的大小可以大于网络中任意一个磁盘的容量,文件的块可以利用集群中的任意一个磁盘进行存储。

(2)简化系统设计。使用抽象的块,而不是整个文件作为存储单元,可以简化存储管理,使得文件的元数据可以单独管理。

(3)适合数据备份。每个文件块都可以冗余存储到多个节点上,进而可以提供数据容错能力和提高可用性。通常每个块可以有多个备份(默认为三个),分别保存到相互独立的机器上,这样就可以保证单点故障不会导致数据丢失。

2. HDFS 体系结构模型

HDFS 采用了主从(Master/Slave)结构模型,一个 HDFS 集群包括一个名称节点(NameNode)和若干个数据节点(DataNode)(图 2.8),每个数据节点由本地 Linux 文件系统构成(假如 Hadoop 安装在 Linux 系统上),一个机架可以安置若干个数据节点,不同机架中的数据节点可以备份同一数据。HDFS 以管理节点-工作节点的模式运行,即一个 NameNode 和多个 DataNode。名称节点作为中心服务器,负责管理文件系统的命名空间及客户端对文件的访问。集群中的数据节点一般是每个节点运行一个数据节点进程,负责处理文件系统客户端的读/写请求,在名称节点的统一调度下进行数据块的创建、删除和复制等操作。每个数据节点的数据实际上是保存在本地 Linux 文件系统中的。

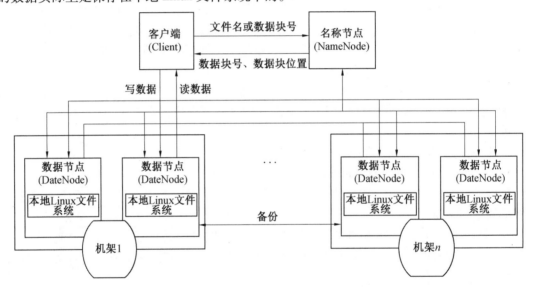

图 2.8   HDFS 体系结构

用户在使用 HDFS 时,仍然可以像在普通文件系统中那样,使用文件名去存储和访问文件。当客户端需要访问一个文件时,首先把文件名发送给名称节点,名称节点根据文件名找到对应的数据块(一个文件可能包括多个数据块),再根据每个数据块信息找到实际存储各个数据块的数据节点的位置,并把数据节点位置发送给客户端,最后客户端直接访问这些数据节点获取数据。在整个访问过程中,名称节点并不参与数据的传输。这种设计方式使得一个文件的数据能够在不同的数据节点上实现并发访问,大大提高了数据访问速度。

3. 名称节点和数据节点

理解 HDFS 中的名称节点和数据节点对理解 HDFS 工作机制非常重要。

NameNode 作为管理节点,维护着文件系统树和整棵树内所有的文件和目录,这些信息以两个文件的形式(命名空间镜像文件 FsImage 和编辑日志文件 EditLog)永久存储在 NameNode 的本地磁盘上。其中,FsImage 用于维护文件系统树以及文件树中所有的文件和文件夹的元数据;EditLog 记录了所有针对文件的创建、删除、重命名等操作。同时,NameNode 也记录每个文件中各个块所在的数据节点信息,但是不永久存储块的位置信息,因为块的信息可以在系统启动时重新构建。

DataNode 作为文件系统的工作节点,根据需要存储并检索数据块,定期向 NameNode 发送所存储的块的列表。

由此可见,NameNode 作为管理节点,其地位是非同寻常的,一旦 NameNode 宕机,那么所有文件都会丢失,因为 NameNode 是唯一存储了元数据、文件与数据块之间对应关系的节点,所有文件信息都保存在这里,NameNode 毁坏后无法重建文件。因此,必须高度重视 NameNode 的容错性。

为使 NameNode 更加可靠,Hadoop 提供了以下两种机制。

(1)第一种机制是备份那些组成文件系统元数据持久状态的文件,如在将文件系统的信息写入本地磁盘的同时,也写入一个远程挂载的网络文件系统(NFS),这些写操作实时同步并且保证原子性。

(2)第二种机制是运行一个辅助 NameNode(即 SecondaryNameNode),用以保存命名空间镜像的副本,它用来保存名称节点中对 HDFS 元数据信息的备份,在 NameNode 发生故障时启用,同时可以减少名称节点重启的时间。SecondaryNameNode 一般单独运行在一台机器上。

4. 通信协议

HDFS 是一个部署在集群上的分布式文件系统,因此很多数据需要通过网络进行传输。所有的 HDFS 通信协议都是构建在 TCP/IP 协议基础之上的。客户端通过一个可配置的端口向名称节点主动发起 TCP 连接,并使用客户端协议与名称节点进行交互,名称节点与数据节点之间则使用数据节点协议进行交互。客户端与数据节点的交互是通过远程过程调用协议(remote procedure call,RPC)来实现的。在设计上,名称节点不会主动发起 RPC,而是响应来自客户端和数据节点的 RPC 请求。

5. 客户端

客户端是用户操作 HDFS 最常用的方式,HDFS 在部署时都提供了客户端。不过严格来说,客户端并不算是 HDFS 的一部分。客户端可以支持打开、读取、写入等常见的操作,并且提供了类似 Shell 的命令行方式来访问 HDFS 中的数据。此外,HDFS 也提供了 Java API 作为应用程序访问文件系统的客户端编程接口。

6. 数据存取策略

作为一个分布式文件系统,为保证系统的容错性和可用性,HDFS 采用多副本方式对数据进行冗余存储,通常一个数据块的多个副本会被分布到不同的数据节点上。HDFS 数据块多副本存储如图2.9所示,数据块1被分别存放在数据节点 A 和 C 上,数据块2被存放在数据节点 A 和 B 上。这种多副本方式可以加快数据传输速度,容易检查数据错误,并能保证数据的可靠性。

在存放策略方面,默认采取三副本策略。

(1)第一个副本。放置在上传文件的数据节点,如果是集群外提交,则随机挑选一台磁盘不太满、CPU 不太忙的节点。

(2)第二个副本。放置在与第一个副本不同的机架的节点上。

(3)第三个副本。放置在与第一个副本相同机架的其他节点上。

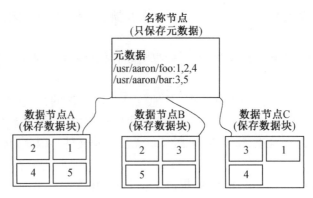

图 2.9   HDFS 数据块多副本存储

7. HDFS 体系结构的局限性

HDFS 只设置唯一的名称节点,这样做虽然大大简化了系统设计,但也带来了一些明显的局限性,具体如下。

(1)命名空间的限制。名称节点是保存在内存中的,因此名称节点能够容纳的对象(文件、块)个数会受到内存空间大小的限制。

(2)性能的瓶颈。整个分布式文件系统的吞吐量受限于单个名称节点的吞吐量。

(3)隔离问题。由于集群中只有一个名称节点,只有一个命名空间,因此无法对不同应用程序进行隔离。

(4)集群的可用性。一旦这个唯一的名称节点发生故障,会导致整个集群变得不可用。

2.2.3   HDFS 编程实践

Hadoop 提供了关于 HDFS 进行文件操作的常用 Shell 命令及 Java API。同时,还可以利用 Web 界面查看和管理 Hadoop 文件系统。

备注:Hadoop 安装成功后,已经包含 HDFS,不需要额外安装。

在学习 HDFS 编程实践前,需要先启动 Hadoop,启动时注意已经格式化后的名称节点不需要重复格式化,直接运行 start-dfs. cmd 即可。

1. Hadoop 三种 Shell 命令方式

Hadoop 中有以下三种 Shell 命令方式。

(1)Hadoop fs 适用于任何不同的文件系统,如本地文件系统和 HDFS 文件系统。

(2)Hadoop dfs 只能适用于 HDFS 文件系统。

(3)HDFS dfs 与 Hadoop dfs 的命令作用一样,也只能适用于 HDFS 文件系统。

HDFS 有很多 Shell 命令,其中 fs 命令可以说是 HDFS 最常用的命令。利用 fs 命令可以查看 HDFS 文件系统的目录结构、上传和下载数据、创建文件等。命令的用法为转到 CMD 窗口,键入如下的命令:

Hadoop fs［genericOptions］［commandOptions］

实例如下。

①Hadoop fs -ls <path>。显示<path>指定的文件的详细信息。

②Hadoop fs -mkdir <path>。创建<path>指定的文件夹。

2. HDFS 常见命令

(1)mkdir 创建目录。

用法：

hadoop fs -mkdir [uri 形式目录]

示例：

hadoop fs -mkdir -p /user/hadoop

该命令表示在 HDFS 中创建一个"/user/hadoop"目录，"-mkdir"是创建目录的操作，"-p"表示如果是多级目录，则父目录和子目录一起创建，这里"/user/hadoop"就是一个多级目录，因此必须使用参数"-p"，否则会出错。

(2)ls 显示目录下的所有文件或文件夹。

用法：

hadoop fs -ls [文件目录]

示例：

Hadoop fs -ls /user/hadoop

该命令表示列出 HDFS 的"/user/hadoop"目录下的所有内容。

(3)put 复制文件。

将文件复制到 HDFS 系统中，也可以是从标准输入中读取文件。

用法：

hadoop fs -put src dst

示例：

hadoop fs -put e:\data. txt /user/hadoop

该命令表示将本地 E 盘根目录下的 data. txt 文件上传至 hadoop 的文件夹/user/hadoop 下。

(4)cat 查看文件内容。

用法：

hadoop fs -cat [file_path]

示例：

hadoop fs -cat /user/hadoop/data. txt

(5)rm 删除目录或文件。

用法：

hadoop fs -rm [文件路径]

删除文件夹时需要加上 -r。

示例：

hadoop fs -rm /user/hadoop/data. txt

hadoop fs -rm -r /user/hadoop

(6)cp 复制系统内文件。

用法：

hadoop fs -cp src dst

该命令表示拷贝文件到目标位置，当 src 为多个文件时，dst 必须是一个已经存在的目录。

示例：

hadoop fs -cp /user/hadoop/data. txt /user/hadoop/data1. txt /user/hadoop1

（7）copyFromLocal 复制本地文件到 HDFS。

除限定源路径是一个本地文件外，与 put 命令相似。

用法：

hadoop fs -copyFromLocal src dst

（8）get 复制文件到本地系统。

用法：

hadoop fs -get

示例：

hadoop fs -get /usr/wisedu/temp/word. txt e：\word

（9）copytolocal 复制文件到本地系统。

除限定目标路径是一个本地文件外，与 get 命令类似。

用法：

hadoop fs -copytolocal ［-ignorecrc］［-crc］uri

示例：

hadoop fs -copytolocal /usr/wisedu/temp/word. txt e：\word

（10）mv 移动文件。

将文件从源路径移动到目标路径。这个命令允许有多个源路径，此时目标路径必须是一个目录，不允许在不同的文件系统间移动文件。

用法：

hadoop fs -mv uri ［uri …］

示例：

hadoop fs -mv/in/test2. txt/test2. txt

（11）du 显示文件大小。

显示目录中所有文件的大小。

用法：

hadoop fs -du uri ［uri …］

示例：

hadoop fs -du /

该命令表示显示根目录下各文件或文件夹的大小。

（12）touchz 创建空文件。

创建一个 0 B 的空文件。

用法：

hadoop fs -touchz uri ［uri …］

示例：

hadoop fs -touchz /empty. txt

本 章 小 结

Hadoop 被视为事实上的大数据处理标准。本章介绍了 Hadoop 的发展历程,并阐述了 Hadoop 的高可靠性、高效性、高可扩展性、高容错性、低成本、运行在 Linux 平台上、支持多种编程语言等特性。分布式文件系统是大数据时代解决大规模数据存储问题的有效解决方案,HDFS 可以利用由廉价硬件构成的计算机集群实现海量数据的分布式存储。HDFS 具有兼容廉价的硬件设备、流数据读写、大数据集、简单的文件模型、强大的跨平台兼容性等特点。但是也要注意到,HDFS 也有自身的局限性,如不适合低延迟数据访问、无法高效存储大量小文件和不支持多用户写入及任意修改文件等。HDFS 采用了主从(Master/Slave)结构模型,一个 HDFS 集群包括一个名称节点和若干个数据节点。名称节点负责管理分布式文件系统的命名空间;数据节点是分布式文件系统 HDFS 的工作节点,负责数据的存储和读取。HDFS 采用了冗余数据存储,增强了数据可靠性,加快了数据传输速度。HDFS 还采用了相应的数据存放、数据读取和数据复制策略来提升系统整体读写响应性能。本章实践包括如何在 Windows 系统下完成 Hadoop 的安装和配置,以及 HDFS 编程实践方面的相关知识介绍。

课 后 习 题

一、问答题

1. Hadoop 的核心是什么?
2. 简述 Hadoop 的发展简史。
3. HDFS 有什么特点?
4. HDFS 进行分块存储有什么好处?
5. 参照 HDFS 体系结构,简述根据文件名访问文件的过程。
6. NameNode 和 DataNode 的功能分别是什么? 为使 NameNode 更加可靠,Hadoop 提供了哪两种机制?
7. HDFS 的多副本冗余存储策略有什么优点? 简述默认的三副本存放策略。
8. HDFS 体系结构有哪些局限性?

二、操作实践

练习安装 Hadoop,并在安装好的 Hadoop 环境下练习 HDFS 常用命令。

第3章

大数据分布式处理

大数据时代除需要解决大规模数据的高效存储问题外,还需要解决大规模数据的高效处理问题。分布式并行编程可以大幅提高程序性能,因为分布式程序运行在大规模计算机集群上,集群中包括大量廉价服务器,可以并行执行大规模数据处理任务,从而获得海量的计算能力。MapReduce 和 Spark 均属于并行编程模型,用于大规模数据集(大于 1 TB)的并行运算。它们将复杂的、运行于大规模集群上的并行计算过程高度抽象到两个函数,即 Map 和 Reduce,从而形成并行处理的多个 Map 任务和 Reduce 任务,完成海量数据集的计算。这里的 Map 即映射过程,把一组数据按照某种 Map 函数映射成新的数据;Reduce 即归约过程,把若干组映射结果进行汇总并输出。本章简要介绍 MapReduce 和 Spark 的工作原理,以及 PySpark 的简单编程实践。第 9 章将详细介绍 PySpark 的编程及应用。

3.1 MapReduce

3.1.1 MapReduce 模型简介

谷歌公司最先提出了分布式并行编程模型 MapReduce,Hadoop MapReduce 是它的开源实现。谷歌的 MapReduce 运行在分布式文件系统 GFS 上,与谷歌类似,Hadoop MapReduce 运行在分布式文件系统 HDFS 上。相对而言,Hadoop MapReduce 比谷歌 MapReduce 使用门槛低很多,程序员即使没有分布式程序开发经验,也可以很轻松地开发出分布式程序并部署到计算机集群中。

MapReduce 将复杂的、运行于大规模集群上的并行计算过程高度地抽象到了两个函数,即 Map(映射)和 Reduce(化简)。MapReduce 采用"分而治之"策略,将一个存储在分布式文件系统中的大规模数据集切分成许多独立的分片(split),这些分片可以被多个 Map 任务并行处理。MapReduce 框架会为每个 Map 任务输入一个数据子集,Map 任务生成的结果会继续作为 Reduce 任务的输入,由 Reduce 任务输出最后的结果,并写入分布式文件系统。特别需要注意的是,适合用 MapReduce 来处理的数据集需要满足一个前提条件,即待处理的数据集可以分解成许多小的数据集,而且每一个小数据集都可以完全并行地进行处理。另外,MapReduce 编程模型只能包含一个 Map 阶段和一个 Reduce 阶段,如果用户的业务逻辑非常复杂,就需要多个 MapReduce 程序串行运行。

  MapReduce 设计的一个理念就是"计算向数据靠拢",而不是"数据向计算靠拢"。因为移动数据需要大量的网络传输开销,尤其在大规模数据环境下,这种开销尤为惊人,所以移动计算比移动数据更加经济。本着这个理念,MapReduce 框架总会就近地在数据所在的节点运行 Map 程序,从而减少节点间的数据移动开销。

  MapReduce 可以很好地应用于各种计算问题,包括关系代数运算(选择、投影、并、交、差、连接)、分组与聚合运算、矩阵-向量乘法和矩阵乘法等。MapReduce 应用程序通常采用 Java 语言实现。

3.1.2 Map 函数和 Reduce 函数

  MapReduce 模型的核心是 Map 函数和 Reduce 函数,二者都是由应用程序开发者负责具体实现的。这两个函数都以 $\langle key, value \rangle$ 作为输入,按一定的映射规则转换成另一个或一批 $\langle key, value \rangle$ 进行输出。Map 和 Reduce 见表 3.1。

表 3.1 Map 和 Reduce

函数	输入	输出	说明
Map	$\langle k1, v1 \rangle$ 如: $\langle$ 行号 1, "a b a c" $\rangle$ $\langle$ 行号 2, "b" $\rangle$ $\langle$ 行号 3, "a" $\rangle$	$List(\langle k2, v2 \rangle)$ 如: $\langle$ "a", 1 $\rangle$ $\langle$ "b", 1 $\rangle$ $\langle$ "a", 1 $\rangle$ $\langle$ "c", 1 $\rangle$ $\langle$ "b", 1 $\rangle$ $\langle$ "a", 1 $\rangle$	1. 将小数据集进一步解析成一批 $\langle key, value \rangle$ 对,输入到 Map 函数中进行处理 2. 每一个输入的 $\langle k1, v1 \rangle$ 会输出一批 $\langle k2, v2 \rangle$, $\langle k2, v2 \rangle$ 是计算的中间结果
Reduce	$\langle k2, List(v2) \rangle$ 如:$\langle$ "a", $\langle 1, 1 \rangle$ $\rangle$ $\langle$ "b", $\langle 1 \rangle$ $\rangle$ $\langle$ "c", $\langle 1 \rangle$ $\rangle$ $\langle$ "b", $\langle 1 \rangle$ $\rangle$ $\langle$ "a", $\langle 1 \rangle$ $\rangle$	$\langle k3, v3 \rangle$ 如: $\langle$ "a", 3 $\rangle$ $\langle$ "b", 2 $\rangle$ $\langle$ "c", 1 $\rangle$	输入的中间结果 $\langle k2, List(v2) \rangle$ 中的 $List(v2)$ 表示是一批属于同一个 k2 的 value

  Map 函数的输入来自分布式文件系统的文件块,这些文件块是任意的,可以是文本或二进制格式的。文件块是一系列元素的集合。Map 函数将输入的元素转换成 $\langle key, value \rangle$ 形式的键值对,这里的键不一定具有唯一性,可通过一个 Map 任务生成具有多个相同键的多个 $\langle key, value \rangle$。Reduce 函数的任务就是将输入的一系列具有相同键的键值对以某种方式组合起来,输出处理后的键值对,输出结果会合并成一个文件。

  表 3.1 中给出了用于统计一个文本文件中每个单词出现的次数的例子。用户需要自己编写 Map 函数处理过程,把文件中的一行读取后解析出每个单词,生成一批中间结果 $\langle$ 单词,出现次数列表或次数之和 $\rangle$,然后把这些中间结果作为 Reduce 函数的输入。Reduce 函数的处理过程也是由用户编写的,用户可以将相同单词的出现次数进行累加,得到此文本文件中每个单词出现的总次数。

3.1.3   MapReduce 工作原理

MapReduce 的核心思想可以用"分而治之"来描述。MapReduce 工作原理如图 3.1 所示，即把一个大的数据集拆分成多个小数据块（split）在多台机器上并行处理。同时，一个大的 MapReduce 作业被拆分成多个 Mapper 任务和 Reducer 任务在多台机器上并行执行，每个 Mapper 任务通常运行在存储数据的节点上。这样，计算和数据就可以在一起运行，不需要额外的数据传输开销。当 Mapper 任务结束后，会生成〈key，value〉形式的中间结果。为使 Reducer 可以并行处理 Mapper 任务的结果，需要对 Mapper 任务中的 map 函数的输出进行一定的分区（partition）、溢写（spill）、拷贝或拉取（copy）、排序（sort）、合并（combine）、归并（merge）等操作，得到〈key，value-list〉形式的中间结果，再交给 Reducer 任务中的 reduce 函数进行处理，这个过程称为洗牌（Shuffle）。在分布式计算场景中，Shuffle 被引申为集群范围内跨节点、跨进程的数据分发。当 Reducer 任务需要的所有〈key，value-list〉中间结果全部得到后，就可以启动 Reducer 的执行，经过计算得到最终结果，并输出到分布式文件系统 HDFS 中。

需要指出的是，Mapper 任务中的 map 函数的输出结果首先被写入缓存，当缓存满时，就启动溢写操作，把缓存中的数据写入磁盘文件，并清空缓存。不同的 Mapper 任务之间不会进行通信，不同的 Reducer 任务之间也不会发生任何信息交换，用户不能显式地从一台机器向另一台机器发送消息，所有的数据交换都是通过 MapReduce 框架自身去实现的。

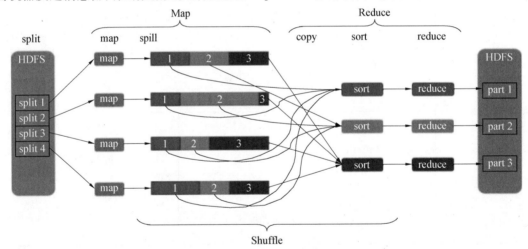

图 3.1   MapReduce 工作原理

图 3.2 所示为 Shuffle 过程详细示意图。以一个 Mapper 任务和一个 Reducer 任务为例，Mapper 任务中的 map 函数（即图中的 map 框）首先接收数据输入块（input split），保存在内存缓冲区（buffer in memory）中，这些数据将送往 Mapper 任务的 Shuffle 端进行处理，即首先根据需要被拆解成若干部分（图中是三部分），每部分经历了分区、排序和写入磁盘（partition，sort，and spill to disk），这里假设有三个分区（partitions），然后将这三个分区归并成一个临时文件（merge on disk），提供给 Reducer 任务。Reducer 任务要经历三个阶段——拷贝阶段（Copy phase）、排序阶段（Sort phase）和归约阶段（Reduce phase）。拷贝和排序阶段构成了 Reducer 任务的 Shuffle 端，主要完成一个 reduce 函数所需数据的收集过程，即首先将所有 Mapper 任务的 Shuffle 端输出并标识由该 Reducer 任务处理的数据（由分区标识）拷贝过来，多次采用归并

（merge）算法对内存和磁盘中的相关数据（mixture of in-memory and on-disk data）进行排序,排序后的结果送到 reduce 函数（图中的 reduce 框）中进行处理,最后将结果输出。

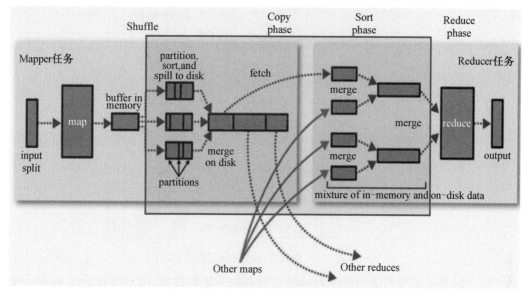

图 3.2　Shuffle 过程详细示意图

3.1.4　实例分析:词频统计

下面以一个词频统计（WordCount）的任务为例,介绍 MapReduce 执行过程。

1. WordCount 任务

输入一个包含大量单词的文本文件,输出文件中每个单词及其出现的次数（频数）,并按照单词字母顺序排序,每个单词和其频数占一行,单词与频数之间有间隔。一个 WordCount 的输入和输出实例见表3.2。

表 3.2　一个 WordCount 的输入和输出实例

输入	输出
Hello World	Hadoop 1
Hello Hadoop	Hello 3
Hello MapReduce	MapReduce 1
	World 1

2. WordCount 执行的实例

假设以文本文件中的三行数据为例,内容如下:

Hello World Bye World

Hello Hadoop Bye Hadoop

Bye Hadoop Hello Hadoop

第一步,开始执行时,每一行将作为一个 Mapper 任务的输入,词频统计的 Map 过程示意图如图 3.3 所示。

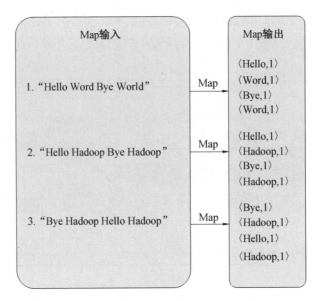

图 3.3　词频统计的 Map 过程示意图

　　第二步,Map 输出的结果将由 Shuffle 过程接收并进行处理,用户没有使用 Combiner 时的 Shuffle 及 Reduce 过程示意图如图 3.4 所示。可以看出,Map 的输出端和 Reduce 的输入端都需要进行 Shuffle。Map 端的 Shuffle 需要完成单词的分区、排序,并保证每个 Mapper 任务最终溢写成一个临时文件。Reduce 端的 Shuffle 主要完成拉取及归并功能,并将最后的结果传递给 Reducer 任务进行统计并输出到文件系统。用户使用 Combiner 时的 Shuffle 及 Reduce 过程示意图如图 3.5 所示。图 3.4 展示了 Shuffle 过程中没有使用 Combiner 函数的结果,图 3.5 展示了 Shuffle 过程中使用了 Combiner 函数的结果。Combiner 函数完成了中间结果的合并操作。

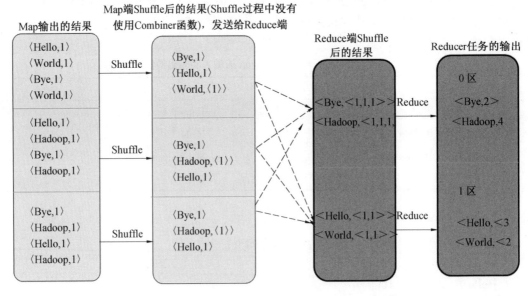

图 3.4　用户没有使用 Combiner 时的 Shuffle 及 Reduce 过程示意图

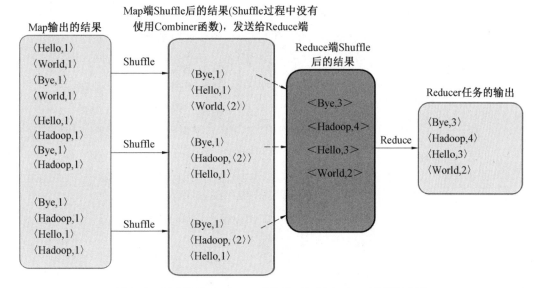

图 3.5　用户使用 Combiner 时的 Shuffle 及 Reduce 过程示意图

3.1.5　MapReduce **编程实践**

MapReduce 编程的主要工作在于 Mapper 和 Reducer 的处理逻辑。同样以统计词频为例，下面给出使用 Java 语言实现的利用 MapReduce 完成词频统计的代码。

1. 任务要求

已知文本文件 input. txt 的内容如下：

China is my motherland

I love China

I am from China

期望输出如下：

I	2
is	1
China	3
my	1
love	1
am	1
from	1
motherland	1

2. 编写 Map 处理逻辑

由于 Map 输入类型为〈key,value〉，期望的 Map 输出类型为〈单词,出现次数〉，因此最终确定 Map 输入类型为〈Object,Text〉，Map 输出类型为〈Text,IntWritable〉。Mapper 处理逻辑的 Java 代码如下：

```java
public static class MyMapper extends Mapper〈Object,Text,Text,IntWritable〉{
        private final static IntWritable one = new IntWritable(1);
        private Text word = new Text();
            public void map(Object key, Text value, Context context) throws IOEx-
ception,InterruptedException{
                StringTokenizer itr = new StringTokenizer(value.toString());
                while (itr.hasMoreTokens())
                {
                        word.set(itr.nextToken());
                        context.write(word,one);
                }
            }
}
```

3. 编写 Reduce 处理逻辑

在 Reduce 处理数据之前,Map 的结果首先通过 Shuffle 阶段进行整理,Reduce 阶段的任务是对输入数字序列进行求和。Reduce 的输入数据为〈key,Iterable 容器〉。例如,Reduce 任务的输入数据如下:

〈"I",〈1,1〉〉

〈"is",1〉

......

〈"from",1〉

〈"China",〈1,1,1〉〉

因此,Reducer 处理逻辑的 Java 代码如下:

```java
public static class MyReducer extends Reducer〈Text,IntWritable,Text,IntWritable〉{
        private IntWritable result = new IntWritable();
            public void reduce(Text key, Iterable〈IntWritable〉values, Context
context) throws IOException,InterruptedException{
                int sum = 0;
                for (IntWritable val : values)
                {
                        sum += val.get();
                }
                result.set(sum);
                context.write(key,result);
            }
}
```

4. 编写 main 方法

Main 方法主要用于装配 Mapper 和 Reducer,并启动 MapReduce 的运行,代码如下:

```
public static void main(String[] args) throws Exception{
    Configuration conf = new Configuration();    //程序运行时参数
    String[] otherArgs = new GenericOptionsParser(conf,args).getRemainingArgs();
    if (otherArgs.length ！= 2)
    {        System.err.println("Usage:wordcount <in><out>");
             System.exit(2);
    }
    Job job = new Job(conf,"word count");    //设置环境参数
    job.setJarByClass(WordCount.class);    //设置整个程序的类名
    job.setMapperClass(MyMapper.class);    //添加 MyMapper 类
    job.setReducerClass(MyReducer.class);    //添加 MyReducer 类
    job.setOutputKeyClass(Text.class);    //设置输出类型
    job.setOutputValueClass(IntWritable.class);    //设置输出类型
    FileInputFormat.addInputPath(job,new Path(otherArgs[0]));    //设置输入文件
    FileOutputFormat.setOutputPath(job,new Path(otherArgs[1]));    //设置输出文件
    System.exit(job.waitForCompletion(true)? 0:1);
}
```

5. 实践过程

以 Eclipse 为例,首先在 Eclipse 下建立工程,工程设置中需要添加支持库,即 Add External Jars,包括 Hadoop 下的如下四个文件夹下的 jar 包:

(1)\hadoop-2.8.3\share\common 及其 lib 下的 jar 文件;

(2)\hadoop-2.8.3\share\hdfs 下的 jar 文件;

(3)\hadoop-2.8.3\share\mapreduce 下的 jar 文件;

(4)\hadoop-2.8.3\share\yarn 下的 jar 文件。

然后准备输入用的文本文件 input.txt,内容如下:

China is my motherland

I love China

I am from China

如果是本地文件系统,则 input.txt 放在当前工程目录下;如果是 HDFS 分布式文件系统,则放在当前用户文件夹下。

最后创建 Java 工程,并输入下列代码:

```java
import java. io. IOException;
import java. util. StringTokenizer;
import org. apache. hadoop. conf. Configuration;
import org. apache. hadoop. fs. Path;
import org. apache. hadoop. io. IntWritable;
import org. apache. hadoop. io. Text;
import org. apache. hadoop. mapreduce. Job;
import org. apache. hadoop. mapreduce. Mapper;
import org. apache. hadoop. mapreduce. Reducer;
import org. apache. hadoop. mapreduce. lib. input. FileInputFormat;
import org. apache. hadoop. mapreduce. lib. output. FileOutputFormat;
import org. apache. hadoop. util. GenericOptionsParser;
public class WordCount{
        public static class MyMapper extends Mapper⟨Object,Text,Text,IntWritable⟩{
                private final static IntWritable one = new IntWritable(1);
                private Text word = new Text();
                    public void map(Object key, Text value, Context context) throws
IOException,InterruptedException{
                        StringTokenizer itr = new StringTokenizer(value. toString());
                        while (itr. hasMoreTokens()){
                                word. set(itr. nextToken());
                                context. write(word,one);
                            }
                    }
            }
        public static class MyReducer extends Reducer⟨Text,IntWritable,Text,IntWritable⟩{
                private IntWritable result = new IntWritable();
                    public void reduce(Text key, Iterable⟨IntWritable⟩ values, Context
context) throws IOException,InterruptedException{
                        int sum = 0;
                        for (IntWritable val : values)
                        {
                                sum += val. get();
                        }
                        result. set(sum);
```

```
                          context. write( key, result) ;
                  }
          }

        public static void main( String[ ] args) throws Exception{
            Configuration conf = new Configuration( ) ;
            //下面两行为 HDFS 系统使用的设置
            //conf. set( "fs. defaultFS", "hdfs://localhost:9000" ) ;
            //conf. set( "fs. hdfs. impl", "org. apache. hadoop. hdfs. DistributedFileSystem" ) ;
      String[ ] otherArgs = new GenericOptionsParser( conf, args). getRemainingArgs( ) ;
            if ( otherArgs. length ! = 2)
            {
                      System. err. println( "Usage: wordcount 〈in〉〈out〉" ) ;
                      System. exit( 2) ;
            }
            Job job = new Job( conf, "word count" ) ;
            job. setJarByClass( WordCount. class) ;
            job. setMapperClass( MyMapper. class) ;
            job. setReducerClass( MyReducer. class) ;
            job. setOutputKeyClass( Text. class) ;
            job. setOutputValueClass( IntWritable. class) ;
            FileInputFormat. addInputPath( job, new Path( otherArgs[0] ) ) ;
            FileOutputFormat. setOutputPath( job, new Path( otherArgs[1] ) ) ;
            System. exit( job. waitForCompletion( true) ? 0:1) ;
        }
}
```

　　运行程序时需要设置命令行参数,右键点击工程名字,运行【Run Configurations …】(图 3.6),选择【Arguments】卡片,在【Program arguments:】处填入"input. txt out"。其中,input. txt 表示输入文件;out 表示输出文件。程序运行后,将在当前目录下建立一个 out 文件夹,输出结果保存到该文件夹下。

　　MapReduce 程序运行结果如图 3.7 所示。

　　如果访问的是 HDFS 文件系统,将默认访问当前用户目录下的 input. txt 文件。当然,也可以设置成绝对路径,如 HDFS 中的"/user/hadoop/input. txt"文件。

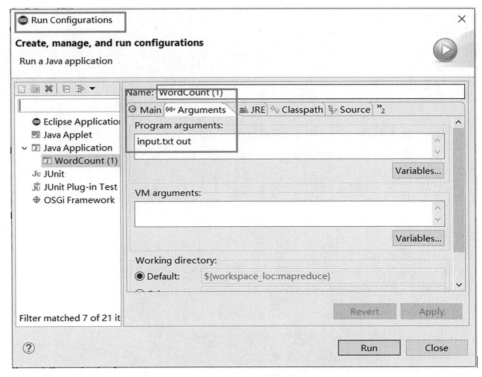

图 3.6   运行 MapReduce 文件 WordCount 的命令行参数

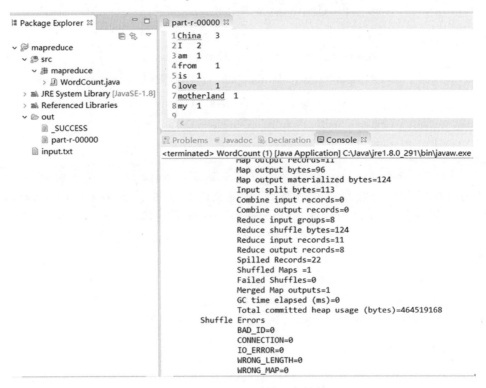

图 3.7   MapReduce 程序运行结果

3.2　Spark

3.2.1　Spark 概述

1. Spark 简介

Spark 最初由美国加利福尼亚大学伯克利分校的 AMP 实验室于 2009 年开发,是基于内存计算的大数据并行计算框架,可用于构建大型、低延迟的数据分析应用程序。2013 年,Spark 加入 Apache 孵化器项目后发展迅猛,如今已成为 Apache 软件基金会最重要的三大分布式计算系统开源项目(Hadoop、Spark、Storm)之一。Spark 在 2014 年打破了 Hadoop 保持的基准排序纪录,使用了 206 个节点在 23 min 内对 100 TB 数据进行了排序,而 Hadoop 需要使用2 000 个节点在 72 min 内才能完成对 100 TB 数据的排序。Spark 用十分之一的计算资源获得了比 Hadoop 快 2 倍的速度。

Spark 具有以下几个主要特点。

(1)运行速度快。Spark 使用有向无环图(directed acyclic graph,DAG)执行引擎,以支持循环数据流与内存计算,基于内存的执行速度比 Hadoop MapReduce 快上百倍。

(2)容易使用。Spark 支持使用 Scala、Java、Python 和 R 语言进行编程,简洁的 API 设计有助于用户轻松构建并行程序,并且可以通过 Spark Shell 进行交互式编程。

(3)通用性。Spark 提供了完整而强大的技术栈,包括 SQL 查询、流式计算、机器学习和图算法组件,这些组件可以无缝整合在同一个应用中,足以应对复杂的计算。

(4)运行模式多样。Spark 可运行于独立的集群模式中,或运行于 Hadoop 中,也可运行于 Amazon EC2 等云环境中,并且可以访问 HDFS、Cassandra、HBase、Hive 等多种数据源。

Spark 如今已吸引了国内外各大公司的注意,腾讯、淘宝、百度、亚马逊等公司均不同程度地使用了 Spark 来构建大数据分析应用,并应用到实际的生产环境中。通常来说,当需要处理的数据量超过单机尺寸(如计算机有 4 GB 的内存,而需要处理 100 GB 以上的数据)时,可以选择 Spark 集群进行计算,有时需要处理的数据量可能并不大,但是计算很复杂,需要大量的时间,这时也可以选择利用 Spark 集群强大的计算资源并行化地计算。

2. Spark 与 Hadoop 的对比

Hadoop 虽然已成为大数据技术的事实标准,但其本身还存在诸多缺陷,最主要的缺陷是 MapReduce 计算模型延迟过高,无法胜任实时、快速计算的需求,因此更适用于离线批处理的应用场景。Spark 在借鉴 Hadoop MapReduce 优点的同时,很好地解决了 MapReduce 所面临的磁盘输入/输出(input/output,I/O)开销大和延迟高等问题。

Spark 主要具有以下几个优点。

(1)Spark 的计算模式也属于 MapReduce,但不局限于 Map 和 Reduce 操作,还提供了多种数据集操作类型,编程模型比 Hadoop MapReduce 更灵活。

(2)Spark 提供了内存计算,中间结果直接放到内存中,大大减少了 I/O 开销,因此 Spark 更适合于迭代运算较多的数据挖掘和机器学习运算。

(3)Spark 基于 DAG 的任务调度执行机制,要优于 Hadoop MapReduce 的迭代执行机制。

尽管 Spark 相对于 Hadoop 而言具有较大优势,但 Spark 并不能完全替代 Hadoop,而主要用于替代 Hadoop 中的 MapReduce 计算模型。实际上,Spark 已经很好地融入了 Hadoop 生态圈,并成为其中的重要一员,它可以借助 YARN 实现资源调度管理,借助 HDFS 实现分布式存储。另外,Spark 对硬件的要求稍高一些,对内存和 CPU 有一定的要求。

3.2.2　Spark 生态系统

在实际应用中,大数据处理主要包括以下三个类型。

(1)复杂的批量数据处理。通常时间跨度在数十分钟到数小时之间。

(2)基于历史数据的交互式查询。通常时间跨度在数十秒到数分钟之间。

(3)基于实时数据流的数据处理。通常时间跨度在数百毫秒到数秒之间。

当同时存在以上三种场景时,Hadoop 中需要同时部署三种不同的软件(MapReduce、Hive 或 Impala、Storm)。这样做难免会带来一些问题:不同场景之间输入输出数据无法做到无缝共享,通常需要进行数据格式的转换;不同的软件需要不同的开发和维护团队,带来了较高的使用成本;比较难以对同一个集群中的各个系统进行统一的资源协调和分配;等等。而 Spark 的设计遵循"一个软件栈满足不同应用场景"的理念,逐渐形成了一套完整的生态系统,既可以提供内存计算框架,也可以支持 SQL 即席查询、实时流式计算、机器学习和图计算等。Spark 可以部署在资源管理器 YARN 之上,提供一站式的大数据解决方案。因此,Spark 提供的生态系统足以应对上述三种场景,即同时支持批处理、交互式查询和流数据处理。Spark 专注于数据处理分析,数据的存储还是要借助 HDFS、Amazon S3 等来实现。因此,Spark 生态系统可以很好地与 Hadoop 生态系统融合。

Spark 生态系统已经成为伯克利数据分析软件栈(Berkeley data analytics stack, BDAS)的重要组成部分(图 3.8)。其中,访问接口层(Access and Interfaces)主要包括 Spark Streaming、BlinkDB 和 Spark SQL、GraphX、MLBase 和 MLlib,可分别完成流数据分析、类 SQL 的数据访问、图结构数据处理和机器学习算法的使用;处理引擎层(Processing Engine)包括 Spark Core;存储层(Storage)包括 Tachyon、HDFS 和 S3 等分布式文件系统;资源调度层(Resource Virtualization)包括 Mesos 和 Hadoop YARN。

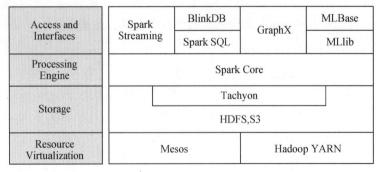

图 3.8　BDAS 架构

Spark 的生态系统主要包含 Spark Core、Spark SQL、Spark Streaming、MLlib 和 GraphX 等组件,各组件的具体功能如下。

（1）Spark Core。

Spark Core 是 Spark 核心组件，实现了 Spark 的基本功能，包含任务调度、内存管理、错误恢复、与存储系统交互等，主要面向批数据处理。Spark Core 中还包含了对弹性分布式数据集（resilient distributed datasets，RDD）的 API 定义。

（2）Spark SQL。

Spark SQL 用来操作结构化数据的核心组件，通过 Spark SQL 可以直接查询 Hive、HBase 等多种外部数据源中的数据。Spark SQL 的重要特点是能够统一处理关系表和 RDD，使得开发人员在处理结构化数据时无须编写 Spark 应用程序，直接使用 SQL 命令就能完成更加复杂的数据查询操作。

（3）Spark Streaming。

Spark Stream 是 Spark 提供的流式计算框架，支持高吞吐量、可容错处理的实时流式数据处理，其核心思路是将流数据分解成一系列短小的批处理作业，每个短小的批处理作业都可以使用 Spark Core 进行快速处理。Spark Streaming 支持多种数据源，如 Kafka 和 TCP 套接字等。

（4）MLlib。

MLlib 是 Spark 提供的关于机器学习功能的算法程序库，包括分类、回归、聚类、协同过滤算法等，还提供了模型评估、数据导入等额外的功能，开发人员只需了解一定的机器学习算法知识就能进行机器学习方面的开发，降低了学习成本。

（5）GraphX。

GraphX 是 Spark 提供的分布式图处理框架，拥有图计算和图挖掘算法的 API 接口，以及丰富的功能和运算符，极大地方便了对分布式图的处理需求，能在海量数据上运行复杂的图算法。

在不同的应用场景下，可以选用的 Spark 生态系统中的组件和其他框架见表 3.3。

表 3.3 Spark 生态系统中的组件和其他框架

应用场景	时间跨度	其他框架	Spark 生态系统中的组件
复杂的批量数据处理	小时级	MapReduce、Hive	Spark
基于历史数据的交互式查询	分钟级、秒级	Impala、Dremel、Drill	Spark SQL
基于实时数据流的数据处理	毫秒、秒级	Storm、S4	Spark Streaming
基于历史数据的数据挖掘	—	Mahout	MLlib
图结构数据的处理	—	Pregel、Hama	GraphX

3.2.3 Spark 运行架构

Spark 运行架构采用了分布式计算中的主从结构模型，Spark 运行架构如图 3.9 所示。在 Spark 的 Standalone 模式中，Cluster Manager 即主节点，是整个集群的控制器，负责整个集群的正常运行；从节点是集群中含有 Worker 进程的节点，完成具体的计算功能，接收主节点命令并进行状态汇报。图中各组件及相关概念解释如下。

（1）Client（客户端）。负责提交应用（Application）。

（2）Cluster Manager（资源管理器）。可以是 Spark 自带的资源管理器，也可以是 Mesos 或 YARN 等资源管理框架。

（3）Executor（执行进程）。是运行在工作节点（Worker）的一个进程，负责启动线程池运行任务,并为应用程序(application)存储数据。每个 Application 拥有独立的一组 Executor。

(4)Driver(任务控制节点)。负责控制一个应用的执行,运行 Application 的 main( )函数并创建 SparkContext,它是应用逻辑执行的起点,负责作业的调度,即 Task 任务的分发。

(5)SparkContext(Spark 上下文)。整个应用的上下文,控制应用的生命周期。

(6)RDD(弹性分布式数据集)。Spark 的基础计算单元,是分布式内存的一个抽象概念,提供了一种高度受限的共享内存模型。一组 RDD 可形成一个有向无环图。

(7)Task(任务)。运行在 Executor 上的工作单元。每组 Task 称为 Stage(阶段)或 TaskSet(任务集),代表了一组关联的、相互之间没有 Shuffle 依赖关系的任务组成的任务集。

(8)DAG Scheduler(DAG 调度器)。根据任务构建基于 Stage 的 DAG,并提交 Stage 给 Task Scheduler。

(9)Task Scheduler(任务调度器)。将任务分发给 Executor 执行。

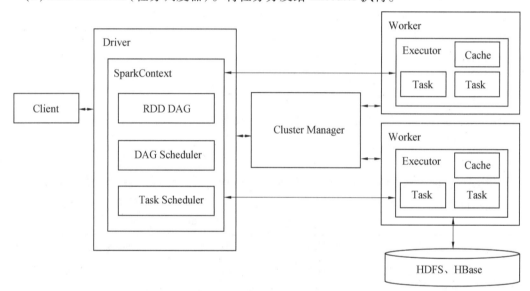

图 3.9　Spark 运行架构

当执行一个应用时,Driver 会向 Cluster Manager 申请资源,启动 Executor,并向 Executor 发送应用程序代码和文件,然后在 Executor 上执行 Task。运行结束后,执行结果会返回给任务控制节点,或写到 HDFS 或其他数据库中。

3.2.4　Spark 运行基本流程

Spark 运行基本流程如图 3.10 所示。

(1)当一个 Spark 应用被提交时,首先需要为这个应用构建起基本的运行环境,即由 Driver 创建一个 SparkContext,由 SparkContext 负责与资源管理器(Cluster Manager)的通信以及进行资源的申请、任务的分配和监控。

(2)资源管理器为 Executor 分配资源,并启动 Executor 进程,Excecutor 运行情况将发送到资源管理器上。

(3)SparkContext 根据 RDD 的依赖关系构建 DAG 图,DAG 图提交给 DAG Scheduler 解析成 Stage(即 TaskSet),并且计算出 TaskSet 之间的关系,然后把一个个 TaskSet 提交给底层调度器 Task Scheduler 处理。Executor 向 SparkContext 申请 Task,Task Scheduler 将 Task 发放给 Executor 运行,并提供应用程序代码。

（4）Task 在 Executor 上运行,把执行结果反馈给 Task Scheduler,然后反馈给 DAG Scheduler,运行完毕后写入数据并释放所有资源。

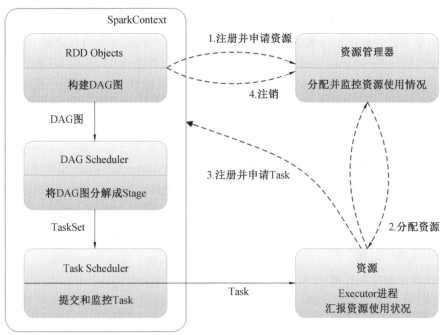

图 3.10　Spark 运行基本流程

总体而言,Spark 运行过程具有以下特点。

（1）每个 Application 都有自己专属的 Executor 进程,并且该进程在 Application 运行期间一直驻留。Executor 进程以多线程的方式运行 Task,这一点要优于 Hadoop MapReduce 的进程模型,减少了任务频繁的启动开销,使得任务执行变得非常高效和可靠。

（2）Spark 运行过程与资源管理器无关,只要能够获取 Executor 进程并保持通信即可。

（3）Executer 上有一个 BlockManager 存储模块,类似于键值存储系统（把内存和磁盘共同作为存储设备）,在处理迭代计算任务时,不需要把中间结果写入 HDFS 等文件系统,而是直接放在这个存储系统上,后续有需要就可以直接读取。

3.2.5　RDD 设计与执行过程

Spark 的核心是建立在统一的抽象 RDD 之上的,使得 Spark 的各个组件可以无缝地进行集成,在同一个应用程序中完成大数据计算任务。在学习或使用 Spark 前对 RDD 原理的理解是比较重要的。

1. RDD 设计背景

许多迭代式算法（如机器学习、图算法等）和交互式数据挖掘工具的共同之处是不同计算阶段之间会重用中间结果。目前的 MapReduce 框架都是把中间结果写入 HDFS 中,带来了大量的数据复制、磁盘 I/O 和序列化开销。RDD 就是为满足这种需求而出现的,它提供了一个抽象的数据架构,不必担心底层数据的分布式特性,只需将具体的应用逻辑表达为一系列转换处理,不同 RDD 之间的转换操作形成依赖关系,可以实现管道化,从而避免了中间结果的存储,大大降低了数据复制、磁盘 I/O 和序列化开销。

2. RDD 概念

RDD 提供了一种高度受限的共享内存模型。一个 RDD 就是一个分布式对象集合,其本质上是一个只读的分区记录集合,每个 RDD 可分成多个分区,每个分区就是一个数据集片段,并且一个 RDD 的不同分区可以被保存到集群中不同的节点上,从而可以在集群中的不同节点上进行并行计算。RDD 不能直接修改,只能基于稳定的物理存储中的数据集创建 RDD,或通过在其他 RDD 上执行确定的转换操作(如 map、join 和 group by)而创建得到新的 RDD。RDD 提供了一组丰富的操作以支持常见的数据运算,分为"转换"(transformation)和"行动"(action)两种类型。两类操作的主要区别是:转换操作(如 map、filter、groupby、join 等)接受 RDD 并返回 RDD;而行动操作(如 count、collect、reduce、save 等)接受 RDD 但是返回非 RDD(即输出一个值或结果)。RDD 已经被实践证明可以高效地表达许多框架的编程模型(如 MapReduce、SQL、Pregel 等)。Spark 用 Scala 语言实现了 RDD 的 API,而 PySpark 则用 Python 语言对 RDD 的 API 进行了实现,后续的章节中将看到其应用。

3. RDD 执行过程

RDD 典型的执行过程如下。

(1)RDD 读入外部数据源(或内存中的集合)进行创建。

(2)RDD 经过一系列的转换操作,每一次都会产生不同的 RDD,供给下一个转换操作使用。

(3)最后一个 RDD 经过行动操作进行处理,并输出到外部数据源。

需要说明的是,RDD 采用了惰性调用机制,即在 RDD 的执行过程中,真正的计算发生在 RDD 的行动操作,对于行动操作之前的所有转换操作,Spark 只是记录下转换操作应用的一些基础数据集及 RDD 生成的轨迹,即相互依赖关系,而不会触发真正的计算,只有当遇到行动操作时,Spark 才会根据 RDD 的依赖关系生成 DAG,并从 DAG 的起点开始真正计算。

图 3.11 所示为 RDD 执行过程的一个实例。输入(Input)逻辑上生成 A 和 C 两个 RDD,经过一系列转换操作,逻辑上生成了 F(也是一个 RDD)。当 F 要进行输出时,也就是当 F 要进行行动操作时,Spark 才从起点开始真正地进行计算。

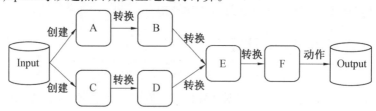

图 3.11　RDD 执行过程的一个实例

3.2.6　Spark 的部署方式

1. Spark 部署方式

目前，Spark 支持三种部署方式，包括 standalone、Spark on Mesos 和 Spark on YARN。

（1）standalone 模式。

与 MapReduce 1.0 框架类似，Spark 框架本身也自带了完整的资源调度管理服务，可以独立部署到一个集群中，而不需要依赖其他系统为其提供资源管理调度服务。

（2）Spark on Mesos 模式。

Mesos 是一种资源调度管理框架，可以为运行在它上面的 Spark 提供服务。由于 Mesos 和 Spark 存在一定的血缘关系，因此 Spark 这个框架在进行设计开发时就充分考虑了对 Mesos 的充分支持。相对而言，Spark 运行在 Mesos 比运行在 YARN 上更加灵活、自然。目前，Spark 官方推荐采用这种模式，所以许多公司在实际应用中也采用这种模式。

（3）Spark on YARN。

Spark 可运行于 YARN 上，与 Hadoop 统一部署。Spark on YARN 架构如图 3.12 所示，资源管理和调度依赖于 YARN，分布式存储则依赖于 HDFS。

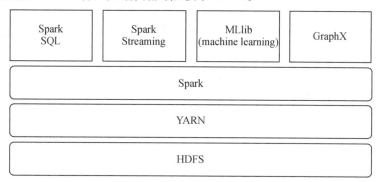

图 3.12　Spark on YARN 架构

2. Hadoop 和 Spark 的统一部署

Hadoop 生态系统中的一些组件所实现的功能目前还是无法由 Spark 取代的，如 Storm 可以实现毫秒级的流计算，但是 Spark 则无法做到毫秒级响应，并且现有的基于 Hadoop 组件开发的应用完全转移到 Spark 上需要一定的成本。因此，在许多企业实际应用中，Hadoop 和 Spark 的统一部署是一种比较现实合理的选择。不同的计算框架统一运行在 YARN 中，可以带来如下好处：

（1）计算资源按需伸缩；

（2）不用负载应用混搭，集群利用率高；

（3）共享底层存储，避免数据跨集群迁移。

3.2.7　Spark 安装

1. Spark 安装

安装 Spark 之前需要安装 Java 环境和 Hadoop 环境。Spark 官方下载地址是 http：//spark.

apache. org。

点击主页左上角的"Download"菜单项进入 Spark 下载选项页面(图 3.13),下载页面中提供了几个下载选项,主要是 Spark release 及 package type 的选择。第一项 Spark release 一般默认选择最新的发行版本,如截至 2023 年 4 月的最新版本为 3.4.0。第二项 package type 选择"Pre-build with user-provided Apache Hadoop"。选择好之后,再点击第三项给出的链接就可以下载 Spark 了。

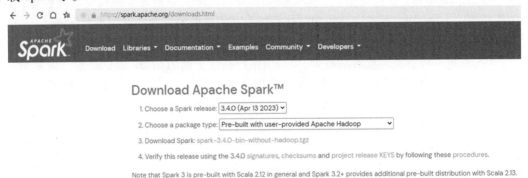

图 3.13　Spark 下载选项页面

如果下载的不是较新版本的 Spark,可以从 https://archive. apache. org/dist/spark/中选择对应版本。

例如,选择 Spark 3.0.0 预编译版,其下载界面如图 3.14 所示。

图 3.14　Spark 3.0.0 预编译版下载界面

下载其中的 spark-3.0.0-preview-bin-hadoop2.7. tgz 文件,将其展开到某文件夹下(图 3.15),然后设置 SPARK_HOME 环境变量为 D:\spark-3.0.0,并加% SPARK_HOME% \bin 到

系统的 path 路径下,这样就可以启动和运行 Spark 了。

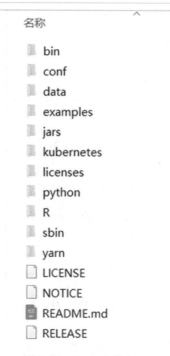

新加卷 (D:) > spark-3.0.0

名称

- bin
- conf
- data
- examples
- jars
- kubernetes
- licenses
- python
- R
- sbin
- yarn
- LICENSE
- NOTICE
- README.md
- RELEASE

图 3.15 Spark 文件夹

这里使用单机模式运行 Spark。若需要使用 HDFS 中的文件,则在使用 Spark 前需要启动 Hadoop。

2. 启动 Spark Shell

Spark Shell 提供了简单的方式来学习 Spark API。Spark Shell 以实时、交互的方式分析数据,支持 Scala 语言和 Python 语言。

例如,启动 Windows 命令行窗口,进入 D:\spark-3.0.0\bin 目录,输入 pyspark,将进入 python 命令行方式。在显示的窗口中输入下列代码,可实现对列表中元素加 10 的操作:

```
>>> rdd = sc. parallelize([1,3])
>>> rdd1 = rdd. map(lambda r:r+10)
>>> print(rdd1. collect())
```

sc 是 spark 启动后自动生成的一个 SparkContext 对象。

如果希望在 Python 环境下开发独立的结合 Spark 进行大数据分析的程序,需要以下几步:

```
pip install py4j
pip install pypandoc    #pyspark 安装时需要
pip intall pyspark
pip install findspark
```

如果上述安装速度较慢,可以从 douban 中获取,如下:

pip install −i https：// pypi. doubanio. com/simple/包名

在 python 下的例子如下:

```
import findspark
findspark. init( )
from pyspark import SparkConf,SparkContext
conf＝SparkConf( ). setMaster( "local" ). setAppName( "My_App" )
sc＝SparkContext( conf＝conf)
#logFile＝" file：//e：/sparktext. py"
logFile＝" hdfs：// localhost：9000/user/hadoop/aaa. txt"
logData＝sc. textFile( logFile,2). cache( )
numAs＝logData. filter( lambda line：´o´ in line). count( )
print( 'Lines with o：％s' ％( numAs))
```

详细的 PySpark 应用参见第 9 章。

本 章 小 结

本章介绍了 MapReduce 和 Spark 编程模型的相关知识。MapReduce 将复杂的、运行于大规模集群上的并行计算过程高度地抽象到了两个函数(Map 和 Reduce)中,极大地方便了分布式编程工作,编程人员在不会分布式并行编程的情况下也可以很容易将自己的程序运行在分布式系统上,完成海量数据集的计算。MapReduce 执行的全过程包括以下几个主要阶段:从分布式文件系统读入数据,执行 Map 任务输出中间结果,通过 Shuffle 阶段把中间结果分区排序整理后发送给 Reduce 任务,执行 Reduce 任务得到最终结果并写入分布式文件系统。本章首先介绍了 Spark 的起源和发展,分析了 Hadoop 存在的缺点和 Spark 的优势;然后介绍了 Spark 的相关概念、生态系统和核心设计。Spark 的核心是统一的抽象 RDD,在此之上形成了结构一体化、功能多元化的完整的大数据生态系统,支持内存计算、SQL 即席查询、实时流式计算、机器学习和图计算。本章最后简单介绍了 Spark 基本的编程实践,包括 Spark 的安装和 Spark Shell 的使用。Spark 提供了丰富的 API,让开发人员可以用简洁的方式处理复杂的数据计算和分析。

课 后 习 题

一、问答题

1. 简述 MapReduce 的功能特点。

2. 适合 MapReduce 处理的数据集需要满足的前提条件是什么?

3. 简述 MapReduce 的工作原理。

4. 请详细描述词频统计的 MapReduce 执行的过程。

5. Spark 与 Hadoop 相比,其优点是什么?

6. Spark 生态系统中对应不同应用场景的组件分别有哪些?

7. 请描述 Spark 的运行基本流程。

8. RDD 的两类基本操作分别是什么,有什么区别?

二、思考题

已知电影数据集 movies. xls 部分数据如图 3. 16 所示。请描述使用 Hadoop 中的 MapReduce 统计每个产地的电影数量的处理过程,可以以图中数据为例来描述(注:假定 Shuffle 没有使用 Combiner)。

名字	投票人数	类型	产地	上映时间	时长	年代	评分
肖申克的救赎	692795	剧情/犯罪	美国	1994-09-10	142	1994	9.6
控方证人	42995	剧情/悬疑/犯罪	美国	1957-12-17	116	1957	9.5
美丽人生	327855	剧情/喜剧/爱情	意大利	1997-12-20	116	1997	9.5
阿甘正传	580897	剧情/爱情	美国	1994-06-23	142	1994	9.4
泰坦尼克号	157074	剧情/爱情/灾难	美国	2012-04-10	194	2012	9.4

图 3.16 电影数据集 movies. xls 部分数据

三、操作实践

1. 请利用 Java 语言实现一个词频统计的 MapReduce 程序。

2. 练习 Spark 的安装及 Spark Shell 的使用。

第4章

Python 语言基础

Python 是当今炙手可热的数据分析工具,是一种面向对象的解释型计算机程序设计语言,人们既可以用 Python 开发各种不同的应用程序,如文本处理、爬虫编写、Web 编程等,也可以采用交互式 Python 进行数据处理和分析。本章将首先简介 Python 语言的编程基础知识,然后介绍用于科学计算的 NumPy 包,最后介绍用于数据分析的 Pandas 包。

4.1 Python 基本语法

4.1.1 变量及运算符

1.变量

在 Python 中,变量标记或指向一个值。变量命名规则如下。

(1)变量名的长度不受限制,但其中的字符必须是字母、数字、下划线($\_$)或汉字,而不能使用空格、连字符、标点符号、引号或其他字符。

(2)变量名的第一个字符不能是数字。

(3)Python 区分大小写。

(4)不能将 Python 关键字用作变量名。

一般来说,函数命名用小写字母,类命名用驼峰命名法。

2.运算符

运算符及其意义见表4.1。

表 4.1 运算符及其意义

运算符	意义
x = y	将 y 赋值给 x
x+y	返回 x+y 的值
x−y	返回 x−y 的值
x * y	返回 x * y 的值
x/y	返回 x/y 的值

续表4.1

运算符	意义
$x//y$	返回 x 除以 y 的整数部分
$x\%y$	返回 x 余 y
abs(x)	返回 x 的绝对值
int(x)	返回 x 的整数值
float(x)	返回 x 的浮点数
complex(re,im)	定义复数
c.conjugate()	返回复数的共轭复数
divmod(x,y)	相当于(x//y,x%y)
pow(x,y)	相当于 pow(x,y)
$x**y$	返回 x 的 y 次方
$x<y$	判断 x 是否小于 y,是返回真,否则返回假
$x<=y$	判断 x 是否小于等于 y,是返回真,否则返回假
$x>y$	判断 x 是否大于 y,是返回真,否则返回假
$x>=y$	判断 x 是否大于等于 y,是返回真,否则返回假
$x==y$	判断 x 是否等于 y,是返回真,否则返回假
$x!=y$	判断 x 是否不等于 y,是返回真,否则返回假
x is y	判断 x 的地址(id)是否等于 y,是返回真,否则返回假
x is not y	判断 x 的地址(id)是否不等于 y,是返回真,否则返回假
type(x)	查看变量 x 的类型
id(x)	查看变量 x 的存储地址

常见的转义字符及其描述见表4.2。

表 4.2　常见的转义字符及其描述

转义字符	描述
\(在行尾时)	续行符
\\	反斜杠符号
\'	单引号
\"	双引号
\a	响铃
\b	退格(Backspace)
\e	转义
\000	空
\n	换行
\v	纵向制表符

续表4.2

转义字符	描述
\t	横向制表符
\r	回车
\f	换页
\oyy	八进制数 yy 代表的字符,如\o12 代表换行
\xyy	十进制数 yy 代表的字符,如\x0a 代表换行

4.1.2　赋值语句和输入输出语句

1. 赋值语句

在 Python 中,可以同时为多个变量赋值。例如:

```
In[ ]:x,y,z=1,'China',"中国"
```

多重赋值的一个很实用的用途是交换两个变量的值。例如:

```
In[ ]:y,z = z,y
```

Python 中单行注释用#,多行注释可以使用一对三双引号或三单引号(''')。单引号与双引号没有本质的区别,但是同时使用单引号和双引号时要注意区别。

2. 输入语句 input( )

【例4.1】　接收来自键盘的输入示例。

```
In[ ]: mobile=input('请输入你的手机号码:')
```

Out[ ]:请输入你的手机号码:13560008888

```
In[ ]: type(mobile)    #input( )函数接收到的输入均为字符型
```

Out[ ]:str

```
In[ ]: mob = int(input('请输入你的手机号码:'))    #将接收到的手机号码转化为数值型
```

Out[ ]:请输入你的手机号码:13560008888

```
In[ ]: type(mob)
```

Out[ ]:int

3. 输出语句 print( )

格式化输出的形式可以有多种,包括% 格式化、f 格式化、format 格式化和关键字格式化等。

【例4.2】　格式化输出示例。

```
In[ ]: print('东北石油大学的英文是 %s'% 东油) #% 格式化,这里的东油是变量
```

Out[ ]:东北石油大学的英文是 NorthEast Petroleum University

```
In[ ]: print(f'东北石油大学的英文是{东油}')    #f 格式化,也可以是 F
```

Out［］:东北石油大学的英文是 NorthEast Petroleum University

In［］: print('东北石油大学的英文是{0}'.format(东油))   #format 格式化

Out［］:东北石油大学的英文是 NorthEast Petroleum University

In［］: nuc='东北石油大学'
　　　print('{1}的英文是{0}'.format(东油,nuc))   #多个变量的输出用索引更方便自由

Out［］:东北石油大学的英文是 NorthEast Petroleum University

In［］: print('{name}的英文是{ename}'.format(name='东北石油大学',
　　　ename='NorthEast Petroleum University'))   #可以临时使用关键字格式化输出

Out［］:东北石油大学的英文是 NorthEast Petroleum University

4.1.3 字符串、列表、元组、字典和集合

1. 字符串(string)

Python 中的字符串是不可变的,可通过索引访问子串。

【例 4.3】 字符串示例。

In［］: s = '我是中国人!'
　　　s[2] #访问字符串中的某个字符,Python 索引从 0 开始

Out［］:'中'

In［］: s[2:] #也可以使用切片,均为左闭右开,[start:stop:step],即取不到 stop 的值

Out［］:'中国人!'

In［］: sfz='340824197608088088'
　　　s_1 = sfz[0:6]   　　　#从身份证上提取出生地
　　　s_1

Out［］:'340824'

In［］: s_2 = sfz[6:14]   　　　#提取出生年月
　　　s_2

Out［］:'19760808'

In［］: s_1 + s_2   　　　#字符串的加法即将两个字符串连接

Out［］:'34082419760808'

In［］: s_1 * 3   　　　#字符串的乘法即对字符串进行多次复制

Out［］:'340824340824340824'

2. 列表(list)

列表是 Python 中最基本的数据结构。列表中的每个元素都有一个索引,第一个索引是 0,第二个索引是 1,依此类推。列表的元素不需要类型相同。

【例 4.4】 列表创建与访问示例。

In[ ]: list1 = [7,'中国','China',[3,'wangxx','王小溪']]　　　#list 的元素类型不拘一格
list1

Out[ ]:[7, '中国','China', [3, 'wangxx','王小溪']]

In[ ]: print('list1[2]:',list1[2])

Out[ ]:list1[2]: China

In[ ]: print('list1[3]:',list1[3])

Out[ ]:list1[3]: [3, 'wangxx', '王小溪']

In[ ]: list1[3][2]　　　　　　　　　#二维索引

Out[ ]:'王小溪'

列表常用方法见表 4.3,表中 list 代表一个具体的列表变量。

表 4.3　列表常用方法

方法用途分类	方法的格式	方法的释义
添加列表元素	list. append(s)	在列表 list 的末尾增加一个元素 s
	list. insert(n,s)	在指定位置 n 添加元素 s,如果指定的下标不存在,则在末尾添加
	list1. extend(list2)	合并 list1 和 list2,把 list2 中元素追加在 list1 元素后面
查看列表中的值	list[n]	使用索引来访问列表中的值
	list. count(x)	查看某个元素在这个列表里的个数,如果元素不存在,则返回 0
	list. index(x)	找到元素 x 的索引,返回第一个,若不存在,会报错
删除列表元素	list. pop(n)	删除指定索引的元素,默认删除最后一个元素,若不存在,会报错
	list. remove(x)	删除 list 里面的一个元素 x,有多个相同的元素,删除第一个
	del list[n]	删除指定索引的元素
	del list[n:m]	切片形式的删除操作
	del list	删除整个列表, list 删除后无法访问
排序和反转	list. reverse( )	将列表反转
	list. sort( )	排序,默认升序
	list. sort(reverse=True)	降序排列

续表4.3

方法用途分类	方法的格式	方法的释义
列表操作函数	len(list)	返回列表元素个数
	max(list)	返回列表元素最大值
	min(list)	返回列表元素最小值
	list(seq)	将元组 seq 转换为列表
列表切片	list[n:m]	切片是不包含后面那个元素的值(左开右闭)
	list[:m]	如果切片前面一个值缺省,则表示从开头开始取
	list[n:]	如果切片后面的值缺省,则表示取到末尾
	list[:]	如果全部缺省,则表示取全部元素
	list[n:m:s]	s 为步长,表示隔多少个元素取一次。步长是正数,从左往右取;步长是负数,从右往左取

注:切片同样适用于字符串。

部分方法的使用示例如下所示。

【例4.5】 列表添加元素示例。

```
In[ ]: list1.append('NEPU')
       list1
```

Out[ ]:[7,'中国','China',[3,'wangxl','王小溪'],'NEPU']

```
In[ ]: list1.extend([2,'东北石油大学','NEPU'])
       list1
```

Out[ ]:[7,'中国','China',[3,'wangxl','王小溪'],'NEPU',2,'东北石油大学','NEPU']

```
In[ ]: list0 = ['黑龙江','China','中国']
       list1.insert(2,list0)   #注意,第一个参数表示插入的位置,第二个参数表示要插入的
       元素
       list1
```

Out[ ]:[7,'中国',['黑龙江','China','中国'],'China',[3,'wangxl','王小溪'],'NEPU',
2,'东北石油大学','NEPU']

【例4.6】 列表删除元素示例。

```
In[ ]: list0.pop()   #删除指定的索引位置元素,默认删除最后一个元素,并将删除的元素
                     返回
```

Out[ ]:'中国'

```
In[ ]: list1.remove('NEPU')   #删除第一个'NUC'
       del list1[2:4]          #删除一个索引片段,也可以彻底删除整个列表
       In[ ]: list1[0] = 9     #修改 list 元素的值
```

【例 4.7】　列表复制示例。列表的复制不能直接简单使用列表名的赋值完成,可以使用切片或 copy( )方法。

```
In[ ]: lis_3 = lis_0[ : ]        #重新复制,将 lis_0 中的每一个元素赋值给 lis_3
       lis_4 = lis_0. copy( )
       print('lis_0 和 lis_4 的存储地址分别为:',id(lis_0),id(lis_4))
```

Out[ ]:lis_0 和 lis_4 的存储地址分别为: 2229106994056 2229106145224

3. 元组(tuple)

Python 的元组与列表类似,不同之处在于元组的元素不能修改。元组使用小括号,列表使用方括号。元组创建很简单,只需要在括号中添加元素,并使用逗号隔开即可。元组下标索引从 0 开始。

【例 4.8】　元组使用示例。

```
In[ ]: tup1 = ('Google','Runoob', 97, [1,3])    #元素类可以多样化
       tup2 = (1,)                                #只有一个元素的元组需要在元素后添加逗号
       tup3 = "a","b","c","d" ;                    #不需要括号也可以
       tup1[3]                                     #访问元组中的元素
```

Out[ ]:[1, 3]

```
In[ ]: tuple(tup1[3])        #将列表转化为元组
```

Out[ ]:(1, 3)

```
In[ ]: len(tup1)
```

Out[ ]:4

```
In[ ]: max(tup3)        #取 tuple 中最大的值。取最小的:min(tuple)
```

Out[ ]:'d'

```
In[ ]: tup2 * 3        #数乘表示复制
```

Out[ ]:(1, 1, 1)

```
In[ ]: tup1 + tup2        #元组的加法
```

Out[ ]:('Google','Runoob', 97, [1, 3], 1)

4. 字典(dict)

字典又称键值对,是一种通过关键字引用的数据结构,其键可以是数字、字符串、元组,这种结构类型又称映射。每个键与值用冒号隔开(:),每对键值用逗号分隔,整体放在花括号中(¦¦)。键必须独一无二,但值则不必。值可以取任何数据类型,但必须是不可变的,如字符串、数或元组。

字典基本的操作如下。

(1)len( )。返回字典中键值对的数量。

(2)d[k]。返回关键字对应的值,k 表示键。

(3)d[k]=v。将值关联到键 k 上。

（4）del d[k]。删除键为 k 的项。

（5）key in d。键 key 是否在字典 d 中,是返回 True,否则返回 False。

【例 4.9】　字典使用示例。

```
In[ ]: d={1:10,2:20,"a":12,5:"hello"}        #定义一个字典
       d
```

Out[ ]:{1: 10, 2: 20, 'a': 12, 5: 'hello'}

```
In[ ]: d1=dict(a=1,b=2,c=3)                   #也可以如此定义
       d1
```

Out[ ]:{'a': 1, 'b': 2, 'c': 3}

```
In[ ]: d2=dict([['a',12],[5,'a4'],['hel','rt']])  #可将二元列表/元组作为元素的列表/
                                                   元组转化为字典
       d3=dict((['a',12],(5,'a4'),['hel','rt']))
       d2
```

Out[ ]:{'a': 12, 5:'a4', 'hel':'rt'}

#字典是无序的,所以字典查找的方式与元组、列表有差异,不能使用索引

```
In[ ]: d1['b']
```

Out[ ]:2

```
In[ ]: d1.get('b')      #也可取键 b 的对应值
```

Out[ ]:2

```
In[ ]: d.items()        #items 方法获取字典的项列表,是一个二元元组构成的列表
```

Out[ ]:dict_items([(1, 10), (2, 20), ('a', 12), (5,'hello')])

```
In[ ]: d2.keys()        #获取字典的所有 key 的列表。d2.values()表示获取字典的所有
                          value 的列表
```

Out[ ]:dict_keys(['a', 5,'hel'])

```
In[ ]: d1['c'] ='liqi'   #修改字典 hel 键对应的值
       d1
```

Out[ ]:{'a': 1,'b': 2,'c': 'liqi'}

```
In[ ]: d2['y'] = 'liqi'   #增加新的键值对
       d2
```

Out[ ]:{'a': 12, 5: 'a4', 'hel': 'rt', 'y': 'liqi'}

```
In[ ]: d1.update(d2)      #合并两个字典用 update(),即将字典 d2 中的键值对追加进 d1
       d1
```

Out[ ]:{'a': 12, 'b': 2, 'c': 'liqi', 5: 'a4', 'hel': 'rt', 'y': 'liqi'}

```
In[ ]: d2. pop('y')          #删除 key='y'的项
       d2
```

```
Out[ ]:{'a': 12, 5: 'a4', 'hel': 'rt'}
```

```
In[ ]: del d2['a']           # 删除键值对'a'
       d1. clear( )           # 清空字典,让字典变成一个空字典
       del d                  # 删除字典
```

5. 集合(set)

set 是一个无序且不重复的元素集合。集合成员可以做字典中的键。集合支持用 in 和 not in 操作符检查成员,由 len( )内建函数得到集合的基数(大小),用 for 循环迭代集合的成员。但是因为集合本身是无序的,所以不可以为集合创建索引或执行切片(slice)操作。

set 与 dict 一样,只是没有 value,相当于 dict 的 key 集合。由于 dict 的 key 是不重复的,且 key 是不可变对象,因此 set 也有如下特性:不重复和元素为不可变对象。列表和字典不能作为集合的元素。

【例 4.10】 集合示例。

```
In[ ]: s = {11,'a',(4,1)}       #创建集合。创建空集合只能用 s=set( )
       se = {11, 22, 33}
       be = {22, 55}
       temp1 = se. difference(be)  #找到 se 中存在、be 中不存在的元素,返回新值
       a = [1,2,3,1,4,2]
       set(a)                      #set( )的一个主要功能就是过滤重复值
```

```
Out[ ]:{1, 2, 3, 4}
```

```
#discard( ),remove( ),pop( )
In[ ]: b = set(a)
       b. pop( )           #删除最小的值
       b
```

```
Out[ ]:{2, 3, 4}
```

```
In[ ]: b. add(1)           #添加新元素
       b
```

```
Out[ ]:{1, 2, 3, 4}
```

```
In[ ]: b. remove(3)        #删除指定的元素
       b
```

```
Out[ ]:{1, 2, 4}
```

```
In[ ]: b. discard(2)       #删除指定的元素
       b
```

Out[ ]:{1,4}

```
#取交集
In[ ]: se = {11, 22, 33}
       be = {22, 55}
       temp1 = se. intersection( be)            #取交集,赋给新变量
       print( temp1)
```

Out[ ]:{22}

```
#取并集
In[ ]: se = {11, 22, 33}
       be = {22,44,55}
       temp2 = se. union( be)    #取并集,并赋给新变量
       print( temp2)
```

Out[ ]:{33, 22, 55, 11, 44}

4.1.4　模块与包

模块在 Python 中可理解为对应于一个文件。在创建了一个脚本文件后,定义了某些函数和变量。在其他需要这些功能的文件中导入这个模块,就可以重用这些函数和变量。包通常是一个目录,可以使用 import 导入包,或使用 from+import 导入包中的部分模块。包目录下为首的一个文件便是_ _init_ _. py, 然后是一些模块文件和子目录,假如子目录中也有_ _init_ _. py,那么它就是这个包的子包。

常见的使用格式如下:

import module_name

import moudle_name as alias

from package_name import module_name

from module_name import function_name, variable_name, class_name

【例 4.11】　import 使用示例。

```
In[ ]: import math   #文件名不需要写后缀. py
       nums = [1.23e+18, 1, -1.23e+18]
       sum( nums)
```

Out[ ]:0.0

```
math. fsum( nums)            #在 math 模块下有一个求和函数 fsum( )
```

Out[ ]:1.0

```
#其他格式:
In[ ]: import math as m          #导入模块 math,并给它取一个别名 m 代替 math
       nums = [1.23e+18, 1, -1.23e+18]
       m. fsum( nums)            #直接简用 m 代替 math
```

Out[ ]:1.0

注意:from math import ＊ 这种方式不建议使用,当导入的包较多时,很有可能不同的包中有相同的函数名,导致程序混乱。

4.1.5　range( )函数

range( )函数用于生成整数序列,函数返回的是一个 range object。其格式如下:

range(start, stop[, step])

根据 start 和 stop 指定的范围及 step 设定的步长生成一个整数序列,参数含义如下。

(1)start。计数从 start 开始,默认是从 0 开始。

(2)end。到 end 结束,但不包括 end。

(3)step。每次跳跃的间距,默认为 1,不能是小数。

【例 4.12】 range 函数使用示例。

```
In[ ]: r_1 = range(1,5,2)    #代表从 1 到 5,间隔 2(不包含 5),若步长为 1,也可以省略步
                               长,如 r_2
       r_2 = range(1,5)       #代表从 1 到 5(不包含 5),若从 0 开始,也可以省略 start,如 r_3
       r_3 = range(5)         #代表从 0 到 5(不包含 5)
       list(r_3)              #range 函数是一个容器,不返回列表,当需要列表时可以转化,
                               也可以转化成 tuple
```

Out[ ]:[0, 1, 2, 3, 4]

4.1.6　流程控制

程序设计语言中的流程控制语句分为以下几类:顺序语句、分支语句和循环语句。前面介绍的赋值语句和输入输出等语句均可列为顺序语句。接下来介绍常用的 if 分支语句和循环语句中的 while 语句及 for 语句。Python 语言不是一种格式自由的语言,在流程控制语句中,要求必须有一定的缩进。例如,它要求 if 语句的下一行必须向右缩进,否则不能通过编译。

1.三种流程控制语句的格式

(1)分支语句。

if 判断条件 1:

　　　代码块 1

elif 判断条件 2:

　　　代码块 2

else:

　　　代码块 3

(2)while 循环语句。

while 判断条件:

　　　代码块

(3)for 循环。

for 临时变量 in 可迭代对象:

代码块

for 循环通常用于遍历序列(如 list、tuple、range、str)、集合(如 set)和映射对象(如 dict)。

(4)终止循环语句。

循环控制语句可以更改循环体中程序的执行过程,如中断循环、跳过本次循环。break 用于终止整个循环;contine 用于跳过本次循环,执行下一次循环。

2.流程控制语句使用示例

【例4.13】　判断输入的成绩属于哪个档次。

```
In[ ]:bz = ['优','良','中','及格','差']       #成绩层次分类
s = int(input('请输入分数:'))                #接收键盘输入
if s < 60:
    print(bz[4])
elif s >= 60 and s<70:
    print(bz[3])
    print(4545)
elif s >= 70 and s<80:
    print(bz[2])
elif s >= 80 and s<90:
    print(bz[1])
else:
    print(bz[0])
```

请输入分数:85
Out[ ]:良

【例4.14】　for 循环遍历示例。

```
In[ ]:a = 'I\'d like to stay in China'
    b = list(set(a))                  #将字符串 a 中的字符去重,再做成列表
    i=0
    for i in range(len(b)):
        print(i,':',b[i])             #打印
        i+=1
```

【例4.15】　输出小于10的奇数。

```
In[ ]: i=1
    while i<10:
        if i%2 == 0:
            i+=1
            continue
        print(i, end='')    #将结果打印在一行
```

```
    i+=1
```

3. for 循环的一个应用——列表推导式

列表生成式是一种基于其他迭代对象(如集合、元组、其他列表等)创建列表的方法。它可以用更简单、更吸引人的语法表示 for 循环和 if 表达式。不过,列表生成式比 for 循环要快得多,更具 python 特性,列表生成式的语法也更容易阅读。

列表生成式的基本结构如下:

list = [expression for item in iterable (if condition)]

例如:

L = [包含 x 的表达式 for x in 序列]

【例4.16】 创建列表 L=[1, 3, 5, …, 99]。

```
In[]: #用普通循环
    L=[]
    for x in range(50):
        L. append(2*x+1)
    L
#用列表生成式
    L=[2*x-1 for x in range(1,51) if x%5==0]
    L
```

【例4.17】 已知 words = ['data','storage','machine','learning','structure','math'],要求用列表生成式创建三个列表:

(1)包含 words 中每个单词的长度;

(2)包含长度大于6的单词;

(3)包含单词中出现的所有'a'、's'、'h'字母。

```
In[]: words = ['data','storage','machine','learning','structure','math']
    L=[len(a) for a in words]
    L
```

```
Out[]:[4, 7, 7, 8, 9, 4]
```

```
In[]: L1=[a for a in words if len(a)>6]    L1
```

```
Out[]:['storage', 'machine', 'learning', 'structure']
```

```
In[]: [letter for word in words for letter in word  if letter in ['a','s','h']]
```

```
Out[]:['a', 'a', 's', 'a', 'a', 'h', 'a', 's', 'a', 'h']
```

4.1.7 函数

1. 函数的定义

在 Python 中,要求函数体必须有缩进。如果函数有返回值,必须通过 return 语句返回相应的值。函数的定义基本形式如下。

```
def function(params):
    """
    这里的文字是函数文档注释,便于 help()函数调用查阅
    """
    block
    return expression/value
```

2. 默认参数传递机制

Python 规定,函数中有默认值的参数必须放在最后。

【例 4.18】 定义实现加法的函数。

```
def add(a,b=0):    #定义一个加法的函数。有两个变量,其中第二个变量不赋值时默认
                   是 0
c = a + b
    return c
```

```
In[ ]: add(10,20)
```

Out[ ]:30

3. 未知参数个数传递机制

在参数前面加一个'∗',表示参数的个数未知。

【例 4.19】 打印姓名及其绰号。

```
In[ ]: def func(name,∗args):
        print(name+"有以下绰号:")
        for i in args:
            print(i)
    func('赵钱孙','猴子','毛毛','赵学霸')
```

Out[ ]:   赵钱孙 有以下绰号:
           猴子
           毛毛
           赵学霸

4. 带键参数传递

带键参数传递指参数通过键值对的方式进行传递,只需要在参数前面加 ∗∗ 就可以了。

【例 4.20】 带键参数传递示例。

```
In[ ]:def func1(∗∗kwargs):
        for i in kwargs:
            print(i,kwargs[i])
        func1(aa=1,bb=2,cc=3)
```

```
        print('----------')
        func1(x=1,y=2,z="hello")
```

Out[ ]:   ⟨class 'dict'⟩
          aa 1
          bb 2
          cc 3

          ⟨class 'dict'⟩
          x 1
          y 2
          z hello

5. lambda 匿名函数

lambda 匿名函数又称行内函数。lambda 是一个表达式,其函数体比 def 简单很多。lambda 表达式运行起来像一个函数。lambda 函数的用途如下:

(1)对于单行函数,使用 lambda 可以省去定义函数的过程,让代码更加精简。

(2)在非多次调用函数的情况下,lambda 表达式即用即得,提高性能。

lambda 函数格式如下:

lambda 参数:表达式

【例 4.21】 lambda 使用示例。

```
In[ ]: f = lambda x : x+2        #定义了一个函数 f(x)=x+2
g = lambda x,y : x+y        #定义了一个函数 g(x,y)=x+y
print(f(0))
print(g(3,4))
```

Out[ ]:   2
          7

6. 过滤函数 filter( )、累计计算函数 reduce( )和映射函数 map( )

(1)过滤函数 filter( )。

过滤函数 filter( )是指用给定的条件 func( )函数对某域 Z 进行过滤。过滤函数格式如下:

filter(func( ), Z)

【例 4.22】 filter( )函数示例。对列表中的元素是 3 的倍数的进行过滤,并返回符合条件的元素。

```
In[ ]: fl = filter(lambda x: x % 3 == 0, [1, 2, 3, 4, 5, 6, 7, 8, 9])    #返回的是容器
    list(fl)
```

Out[ ]:[3, 6, 9]

(2)累计计算函数 reduce( )。

累计计算函数 reduce( )把函数 func( )作用在序列 Z 上累计计算,需要调用 functools 包。

累计计算函数格式如下:

reduce(func( ), Z)

其效果如下:

reduce(f, [x1, x2, x3, x4]) = f(f(f(x1, x2), x3), x4)

【例 4.22】　reduce( )函数示例。求阶乘及累加和。

```
In[ ]: from functools import reduce
    a_1 = reduce(lambda a,b: a * b, [1, 2, 3, 4, 5, 6, 7, 8, 9])    #计算9!
    a_2 = reduce(lambda a,b: a + b, [1, 2, 3, 4, 5, 6, 7, 8, 9])    #计算1+2+…+9 的和
    print("9!:",a_1)
    print("求和:",a_2)
```

Out[ ]:9!: 362880

　　求和: 45

（3）映射函数 map( )。

映射函数 map( )将传入的函数 func( )依次作用到序列 S 的每个元素,并把结果作为新的序列返回。映射函数格式如下:

map(func( ),S)

函数 func 在 S 域上遍历,在 Python 3. x 中 map( )是一个容器,返回时需要用 list 调用才显示数据,显示的是 func 作用后的结果数据。

【例 4.23】　map 函数示例。

```
In[ ]: m = map(lambda x: x+1, [1,2,3])
    list(m)
```

Out[ ]:[2,3,4]

4.2　NumPy　简　介

NumPy(Numerical Python)是 Python 语言的一个扩展库,支持大量的数组和矩阵运算,是一个运行速度非常快的数学库。

NumPy 通常与 SciPy(Scientific Python)和 Matplotlib(绘图库)一起使用,这种组合广泛用于替代 MatLab,是一个强大的科学计算环境,有助于通过 Python 学习数据科学或机器学习。

使用 NumPy 之前需要先引入 numpy 包,如下:

```
import numpy as np
```

4.2.1　创建数组

可以通过列表创建数组。注意:数组中数据的类型必须保持一致。

【例 4.24】　创建数组示例。

```
In[ ]: n1 = np. array([1,2,3,4])    #一维数组
    type(n)
```

Out[ ]:array([1, 2, 3, 4])

In[ ]: n2 = np. array([[0,1,2,3],[10,11,12,13]])   #二维数组
n2. shape

Out[ ]:(2,4)

NumPy 中常用的创建数组的方法和属性见表 4.2,NumPy 中数组的属性见表 4.3,NumPy 中常用的与数组操作相关的方法见表 4.4,表中 np 指代 NumPy。

表 4.2   NumPy 中常用的创建数值的方法和属性

创建数组的方法	功能
np. zeros(n)	生成 n 个全是零的数组,元素为 float 类型
np. ones(n)	生成 n 个全是 1 的数组,元素为 float 类型
np. arange(s1,s2,s3)	生成一个介于 s1 与 s2 之间的等差序列数组,起始值是 s1,步长是 s3,不包括 s2。s3 可以是小数或整数
np. linspace(s1,s2,s3)	生成一个介于 s1 与 s2 之间含有 s3 个元素的等差序列数组,起始值是 s1,终止值是 s2,s3 是整数
np. random. rand(10)	生成 10 个[0,1)的随机数
np. random. randn(10)	生成 10 个符合正态分布的浮点数
np. random. randint(1,10,20)	生成 20 个 1~10 的随机整数
np. random. randint(1, 10, (4, 3))	生成一个 4 行 3 列由 1~10 的随机数字构成的二维数组

表 4.3   NumPy 中组的属性

数组的属性	含义
dtype	数据元素的类型
shape	数组形状,会返回一个元组,每个元素代表这一维的元素数目
size	数组中元素的个数
ndim	数组的维数

表 4.4   NumPy 中常用的与数组操作相关的方法

NumPy 中的方法	功能
np. asarray(a,dtype = float)	类型转换函数,不改变原有类型
a. astype(float)	a 为一个数组,返回一个将 a 中元素转换为 float 类型的数组,不改变 a 数组的类型
np. sort(a)	排序,返回排序后的结果,不影响原有顺序
np. argsort(a)	返回从小到大的排列在原数组中的索引位置
a. reshape(2,3)	返回 a 数组转换为 2 行 3 列后的结果,但不修改 a 的原始形状;注意若 a. shape = 2,3,则是修改了 a 的原始形状
a. T 或 a. transpose( )	转置

续表4.3

NumPy 中的方法	功能
np. concatenate((x,y),axis=0)	将数组 x 和 y 连接在一起,axis=0 表示沿着第一维连接(即增加行),axis=1 表示沿着第二维连接(即增加列)。NumPy 中提供了分别对应上述两种情况的函数进行数组的堆叠:vstack(纵向堆叠)和 hstack(横向堆叠)

4.2.2　数组索引和切片

1.常规索引和切片

数组除可以使用正索引外,还支持负索引。

【例4.25】　数组索引和切片示例。

```
In[ ]: a=np. array([11,12,13,14,15])
a[1:-2]
```

```
Out[ ]:array([12, 13])
```

```
In[ ]: a[-4:3]
```

```
Out[ ]:array([12, 13])
```

省略参数如下:

```
In[ ]: a[::2]
```

```
Out[ ]:array([11, 13, 15])
```

```
In[ ]: a[::-1] #逆序输出
```

```
Out[ ]:array([15, 14, 13, 12, 11])
```

多维数组的每一维都支持切片的规则,包括负索引。例如:

```
In[ ]:a=np. array ([[0,1,2,3,4,5],[10,11,12,13,14,15],[20,21,22,23,24,25],
        [30,31,32,33,34,35],[40,41,42,43,44,45],[50,51,52,53,54,55]])
a
```

```
Out[ ]:array([[ 0,  1,  2,  3,  4,  5],
        [10, 11, 12, 13, 14, 15],
        [20, 21, 22, 23, 24, 25],
        [30, 31, 32, 33, 34, 35],
        [40, 41, 42, 43, 44, 45],
        [50, 51, 52, 53, 54, 55]])
```

```
In[ ]:a[0,3:5]#第一行的第4和第5两个元素
```

```
Out[ ]:array([3, 4])
```

```
In[ ]:a[4:,4:]#最后两行的最后两列
```

Out[ ]:array([[44, 45],

[54, 55]])

In[ ]:a[:,2]#得到第三列

a[2::2,::2]#取出第3、5行的奇数列

Out[ ]:array([[20, 22, 24],

[40, 42, 44]])

注意:数组切片是引用。数组切片在内存中使用的是引用机制,可节省空间,但切片的赋值会引起对原数组的改动,因此可使用a[2:4].copy()拷贝数组部分元素。需要注意的是,列表不是引用机制。

2. 一维花式索引

花式索引(fancy indexing)是指利用整数数组或布尔数组进行索引。这里的整数数组可以是 NumPy 数组,也可以是 Python 中列表、元组等可迭代类型。

【例 4.26】 整数数组花式索引示例。

In[ ]:A = np. arange(0,100,10)

a

Out[ ]:array([0, 10, 20, 30, 40, 50, 60, 70, 80, 90])

In[ ]:index = [1,2,-3]

index

Out[ ]:[1, 2, -3]

In[ ]:y = a[index]

y

Out[ ]:array([10, 20, 70])

还可以使用布尔数组进行花式索引(又称布尔索引)。

【例 4.27】 布尔数组花式索引示例。

In[ ]:mask = np. array([0,2,2,0,0,1,0,0,1,0],dtype = bool)

mask

Out[ ]:array([False,True,True, False, False,True, False, False,True,False])

In[ ]:a

Out[ ]:array([0, 10, 20, 30, 40, 50, 60, 70, 80, 90])

In[ ]:a[mask] #mask 如果是布尔数组,长度必须与 a 数组长度相等

Out[ ]:array([10, 20, 50, 80])

3. 二维花式索引

二维数组的每一维均可以使用花式索引。

【例 4.28】 二维花式索引示例。

返回矩阵中一条斜线上的 5 个值:

```
In[ ]:a=np. array([[0,1,2,3,4,5],[10,11,12,13,14,15],[20,21,22,23,24,25]
        ,[30,31,32,33,34,35],[40,41,42,43,44,45],[50,51,52,53,54,55]])
    a
```

```
Out[ ]:array([[0,1,2,3,4,5],
        [10, 11, 12, 13, 14, 15],
        [20, 21, 22, 23, 24, 25],
        [30, 31, 32, 33, 34, 35],
        [40, 41, 42, 43, 44, 45],
        [50, 51, 52, 53, 54, 55]])
```

```
In[ ]:a[(0,1,2,3,4),(1,2,3,4,5)]
```

```
Out[ ]:array([ 1, 12, 23, 34, 45])
```

返回最后三行的第 1、3、5 列：

```
In[ ]:a[3:,[0,2,4]]
```

```
array([[30, 32, 34],
    [40, 42, 44],
    [50, 52, 54]])
```

用 mask 进行索引取第 1、3、6 行的第三个元素：

```
In[ ]:mask=np. array([1,0,1,0,0,1],dtype=bool)
    a[mask,2]
```

```
Out[ ]:array([ 2, 22, 52])
```

注意：花式索引返回的是原对象的一个复制，而不是引用。

4.“不完全”索引

对于数组而言，只给定行索引时，返回整行。

【例 4.29】　不完全索引示例。

```
In[ ]:a=np. array([[0,1,2,3,4,5],[10,11,12,13,14,15],[20,21,22,23,24,25],[30,31,32,
        33,34,35],[40,41,42,43,44,45],[50,51,52,53,54,55]])
    y=a[ :3] #取的是前三行
    y
```

```
Out[ ]:array([[ 0,  1,  2,  3,  4,  5],
        [10, 11, 12, 13, 14, 15],
        [20, 21, 22, 23, 24, 25]])
```

用花式索引取若干行：

```
In[ ]:con=np. array([0,1,1,0,1,0],dtype=bool)
    a[con] #取第 2、3、5 行
```

```
Out[ ]:array([[10, 11, 12, 13, 14, 15],
```

$$[20,21,22,23,24,25],$$
$$[40,41,42,43,44,45]])$$

```
In[ ]:a=np. array([0,12,5,20])
a[a>10] #a>10 返回布尔数组,表示各元素是不是大于 10
```
Out[ ]:array([12,20])

np. where()函数返回所有非零元素的索引,其返回值是一个元组。例如:

```
In[ ]:a[np. where(a>10)] #np. where(a>10)返回数组中所有大于 10 的元素的索引位置
```
Out[ ]:array([12,20])

4.3　Pandas 简　介

Pandas 是一个快速、强大、灵活且易于使用的开源数据处理和分析的工具包,最初是被作为金融数据分析工具而开发的,于 2009 年底开源面市,其名称来自于面板数据(PanelData)和 Python 数据分析(DataAnalysis)。PanelData 是经济学中关于多维数据集的一个术语,在 Pandas 中也提供了 PanelData 的数据类型。更重要的是,Pandas 引入了两种新的使用更为广泛的数据结构——Series 和 DataFrame,这两种数据结构都建立在 NumPy 的基础之上。一维数组系列 Series 又称序列,与 Numpy 中的一维 array 类似,二者与 Python 的基本的数据结构 list 也很相近。DataFrame 为二维的表格型数据结构,可以将 DataFrame 理解为 Series 的容器。除标准的数据模型外,Pandas 还提供了大量能快速便捷地处理数据的函数和方法。本节将重点介绍 Series 和 DataFrame 的使用及数据导入导出的方法。

4.3.1　Series 数据结构

Series 用于存储一行或一列数据,以及与之相关的索引。其用法如下:
Series([数据 1,数据 2,…],index=[索引 1,索引 2,…])
Series 对象本质上是一个 NumPy 的数组,因此 NumPy 的数组处理函数可以直接用于 Series。每个 Series 对象都由 index 和 values 两个数组组成。index 是从 NumPy 数组中继承的 RangeIndex 对象,保存标签信息;values 是用于保存值的 NumPy 数组。

1. 创建 Series
例如:

```
In[ ]:from pandas import Series
x=Series(['f',2,'中国'],index=['a','b','c'])
```
Out[ ]:　　a　　　f
　　　　　b　　　2
　　　　　c　　　中国

参数 index 为索引名,有时又称行标签。如果省略,则 index 的值默认从 0 开始。对于系列 x,可以访问的属性如下。

(1)x. values。取系列的所有值,类型为数组。

（2）x. index。取系列的索引,类型为 RangeIndex,可以用 list(x. index)查看结果。

2. 向 Series 中追加元素

注意:单个元素必须以系列的方式追加到已有系列中。例如:

```
In[ ]:n = Series([′3′])    #n 为新的系列
x. append(n)               #将 n 追加至 x 中,默认索引值为 0
```

```
Out[ ]:    a      f
           b      2
           c      中国
           0      3
```

注意:append 操作并未影响 x 中的值,即 x. append(n)返回的是一个新序列。

3. 删除 Series 中的元素

x. drop(′a′)删除索引名为′a′的元素,根据 index 按索引名删除,不影响 x 中的值,只是返回值发生了变化。

例如:

```
In[ ]:x. drop(′a′) #删除索引名为"a"的元素
```

```
Out[ ]:    b      2
           c      中国
```

4. 查找 Series 中的元素

可以通过索引名和切片的方式查找系列中的元素。

（1）x[′a′]。获取索引名为′a′的元素的值。

（2）x. index[2]。按索引号 2 找出对应的索引名。

例如:

```
In[ ]:x. index[2]#按索引号 2 找出对应的索引名
```

```
Out[ ]:′c′
```

可以使用切片取部分数据。例如:

```
In[ ]:x[1:3] #获取索引 1 和索引 2 的元素
```

```
Out[ ]:    b      2
           c      中国
```

```
In[ ]:x[[0,2,1]]#定位获取,或花样索引,经常用于随机抽样
```

```
Out[ ]:    a      f
           c      中国
           b      2
```

Series 在使用过程中应注意以下四点。

（1）Series 是一种类似于一维数组(数组 ndarray)的对象。

（2）Series 的数据类型没有限制(各种 numpy 数据类型)。

（3）Series 有索引,把索引当作数据的标签(Key)看待,类似于字典(实质上是数组),因此

Series 同时具有数组和字典的功能,也支持一些字典的方法。

4.3.2　DataFrame 简介

DataFrame(数据框)是用于存储多行和多列数据的集合,是 Series 的容器,类似于 Excel 的二维表格。DataFrame 使用方法如下:

Dataframe(columnsMap)

1. 创建 DataFrame

DataFrame 的创建形式有多种,可以基于二维列表(list)、二维的 NumPy 数组、字典等数据结构创建,也可以读取外部的数据文件(如 Excel 数据表)来创建。基于其他数据结构创建的主要格式如下:

pandas. DataFrame(data = nums,index = inde,columns = colu)

参数含义:data 表示数据;index 表示行标签,未指定的情况下,默认为 0,1,2,…;columns 表示列名,若是基于字典创建,则字典的 key 值为列名。

例如,基于字典的创建如下:

```
In[ ]:from pandas import Series
from pandas import DataFrame
df = DataFrame({'age':Series([26,29,24]),'name':Series(['Ken','Jerry','Ben'])})
    df
```

```
Out[ ]:        age   name
        0      26    Ken
        1      29    Jerry
        2      24    Ben
```

```
In[ ]:from pandas import DataFrame
df1 = DataFrame({'age':[21,22,23],'name':['KEN','John','JIM']})
df1. index
```

```
Out[ ]:RangeIndex(start = 0, stop = 3, step = 1)
```

```
In[ ]:df1. index = ['A','B','C']  #设置索引
df1. index. name = '行号'    #设置索引名
df1
```

```
Out[ ]:   行号    age   name
          A     21    KEN
          B     22    John
          C     23    JIM
```

```
In[ ]:df1. columns = ['年龄','姓名'] #赋列名
df1
```

Out[ ]:　　行号　年龄　姓名

　　　　　A　　21　　KEN

　　　　　B　　22　　John

　　　　　C　　23　　JIM

2. DataFrame 行的增加删除和列的增加删除

可以创建一个 Series,然后增加一行到 DataFrame 中。例如:

```
In[ ]:import pandas as pd
s=pd.Series({'age':50,'name':'Mike'})
s.name='D'
dd=df1.append(s)
    dd
```

Out[ ]:　　行号　　age　name

　　　　　A　　21　　KEN

　　　　　B　　22　　John

　　　　　C　　23　　JIM

　　　　　D　　50　　Mike

```
In[ ]:dd.drop(['D']) #删除行
```

Out[ ]:　　行号　　age　name

　　　　　A　　21　　KEN

　　　　　B　　22　　John

　　　　　C　　23　　JIM

```
In[ ]:dd['height']=180    ##增加一列
    dd
```

Out[ ]:　　行号　　age　name　height

　　　　　A　　21　　KEN　　180

　　　　　B　　22　　John　　180

　　　　　C　　23　　JIM　　180

　　　　　D　　50　　Mike　　180

```
In[ ]:dd['height']=[180,181,182,183]
    dd
```

Out[ ]:　　行号　　age　name　height

　　　　　A　　21　　KEN　　180

　　　　　B　　22　　John　　181

C	23	JIM	182
D	50	Mike	183

```
In[ ]:dd. drop(['height'],axis=1,inplace=True)
      #删除一列,axis=1 表示列,axis=0 表示行,
      #inplace=True 表示用运算结果替换 dd
      dd
```

Out[ ]:	行号	age	name
	A	21	KEN
	B	22	John
	C	23	JIM
	D	50	Mike

```
In[ ]:
df2=DataFrame(data={'age':[21,22,23],'name':['KEN','John','JIM']},index=['first',
'second','third'])
df2
```

Out[ ]:		age	name
	first	21	KEN
	second	22	John
	third	23	JIM

3.查询 DataFrame 行或列

访问 DataFrame 中的行一定要用切片的方式进行访问,不能仅用行的 index 来访问。例如,要访问 df 的 index=1 的行,不能写成 df[1],而要写成 df[1:2]。当然,也可以利用花式索引访问数据行。列的查询只需指定列名即可。例如:

```
In[ ]:df1[1:100]#访问行,显示 index=1 及其以后的 99 行数据,不包括 index=100
      df1[1]       #访问报错,不可以用单个索引号访问
```

```
Out[ ]:KeyError:1
```

```
In[ ]:df2["first":"third"]#按索引名访问多行
```

Out[ ]:		age	name
	first	21	KEN
	second	22	John
	third	23	JIM

```
In[ ]:df2[df2. name=='John'] #利用了布尔索引
```

Out[ ]:		age	name

```
                    second    22    John
```

```
In[ ]:df1['age'] #访问列,按列名访问
In[ ]:df1[df1.columns[0:1]] #按索引号访问列
```

```
Out[ ]:    行号      age
            A        21
            B        22
            C        23
```

4. 查询 DataFrame 中的数据块

查询数据块可以有以下三种方式。

(1)loc 索引可以按行列的索引名访问块。

(2)iloc 索引可以按行列的索引号访问块。

(3)at 索引可以访问指定位置的元素。

例如:

```
In[ ]:df1.iloc[0:2,0:2]##访问块,按行列索引号访问
```

```
Out[ ]:    行号      age    name
            A        21     KEN
            B        22     John
```

```
In[ ]:df1.loc['A':'B','age':'name']    ##访问块,按行列索引名访问
```

```
Out[ ]:    行号      age    name
            A        21     KEN
            B        22     John
```

```
In[ ]:df1.at['B','name'] #访问位置,这里 B 是索引名,当有索引名时,不能用索引号
Out[ ]:'John'
```

4.3.3　数据导入导出

数据存在的形式多种多样,有文件(csv、Excel、txt)和数据库(MySQL、Access、SQLServer)等形式。在 Pandas 中,常用的载入函数是 read_csv,除此之外还有 read_excel 和 read_table。read_table 函数可以读取 txt 文件。若是服务器相关的部署,则还会用到 read_sql 函数,直接访问数据库,当然必须安装访问数据库需要的相关包。常用的导出函数有 to_csv 和 to_excel,分别用于将数据写到 CSV 格式和 Excel 格式的文件中。

1. 数据导入

(1)导入 txt 文件。

read_table 函数用于导入 txt 文件。其命令格式如下:

read_table(file,names=[列名 1,列名 2,…],sep=" ",…)

其中,file 为文件路径与文件名;names 为列名,默认为文件中的第一行作为列名;sep 为分隔符,默认为空。

注意:txt 文本文件要保存成 UTF-8 格式才不会报错;查看数据框 df 前 n 项数据用 df. head(n),后 m 项用 df. tail(m),默认均是 5 项数据。

```
In[ ]:from pandas import read_table
      df = read_table(r'data. txt', sep = '\t')
      df. tail(5)
```

Out[ ]:		学号	姓名	性别	数据结构	C 语言	编译原理	数据库	软件工程
	25	200702941126	于奥英	男	72	86.0	82	71	55.0
	26	200702941127	陶浩冉	男	69	NaN	79	88	82.0
	27	200702941128	郭益飞	男	88	90.0	90	92	76.0
	28	200702941129	李林含	男	缓考	83.0	87	59	80.0
	29	200702941130	吴天硕	男	83	89.0	91	77	77.0

(2)导入 CSV 文件。

CSV(Comma-SeparatedValues)一般称为逗号分隔值,有时又称字符分隔值,因为分隔字符也可以不是逗号,其文件以纯文本形式存储表格数据(数字和文本)。纯文本意味着该文件是一个字符序列,不含有像二进制数字那样被解读的数据。CSV 文件由任意数目的记录组成,记录间以某种换行符分隔。每条记录由字段组成,字段间的分隔符是其他字符或字符串,最常见的是逗号或制表符。通常,所有记录都有完全相同的字段序列。CSV 文件格式常见于手机通讯录,可以使用 Excel 打开。

read_csv 函数可以导入 csv 文件。其命令格式如下:

read_csv(file, names = [列名 1,列名 2,…], sep = " ")

其中,file 为文件路径与文件名;names 为列名,未设置值的情况下,默认文件中的第一行作为列名,若设置 names 参数,则第一行是数据;sep 为分隔符,默认为空,表示导入为一列。

```
In[ ]:from pandas import read_csv
      df = read_csv(r'data. csv', sep = ",") #此处也可以使用 read_table 命令
      type(df)
```

Out[ ]:pandas. core. frame. DataFrame

```
In[ ]:df. drop(0, inplace = True) #删除第一条记录
      df. head(5)
```

Out[ ]:		学号	姓名	性别	数据结构	C 语言	编译原理	数据库	软件工程
	1	200702941102	万佳	女	91	84.0	41	91	75.0
	2	200702941103	李航	男	95	85.0	76	78	71.0
	3	200702941104	王一苗	女	83	85.0	缓考	81	65.0
	4	200702941105	刘孙妙	女	85	85.0	77	82	72.0

5	200702941106	王晓玲	女	95	85.0	70	81	58.0

（3）导入 Excel 文件。

read_excel 函数可以导入 Excel 文件。其命令格式如下：

read_excel(file,sheet_name,header=0)

其中,file 为文件路径与文件名;sheet_name 为 sheet 的名称,如 sheet1;header 为列名,默认为0,以文件的第一行作为列名,若为 None,则第一行不作为列名。

注意:有时可以跳过首行或者读取多个表。例如:

df=pd. read_excel(filefullpath,sheet_name=[0,2],skiprows=[0])

sheetname 可以指定为读取几个 sheet,sheet 数目从 0 开始,如果 sheet_name=[0,2],则代表读取第 1 页和第 3 页的 sheet。默认是 sheetname 为 0,返回多表使用 sheetname=[0,1],若 sheetname=None,则返回全表。注意:int/string 返回的是 dataframe,而 none 和 list 返回的是 dict of dataframe。

skiprows=[0]代表读取时跳过第1行。

Excel 文件有两种格式的后缀名,即 xls 和 xlsx,对这两种格式的文件 read_excel 命令,都能读取,但比较敏感,在读取时注意文件的后缀名。

```
In[ ]:from pandas import read_excel
    df=read_excel(r'data. xls',sheet_name=[0,1],header=0)
    type(df)
```

Out[ ]: dict

2. 数据导出

（1）导出 csv 格式。

to_csv 函数可以导出 csv 文件。其命令格式如下：

to_csv(file_path,sep=",",index=TRUE,header=TRUE)

其中,file_path 为文件路径;sep 为分隔符,默认是逗号;index 表示是否导出行序号,默认是 TRUE,导出行序号;header 表示是否导出列名,默认是 TRUE,导出列名。

```
In[ ]:from pandas import DataFrame
    from pandas import Series
    df=DataFrame({'age':Series([26,85,64]),'name':Series(['Ben','John','Jerry'])}
    df
```

Out[ ]:　　　age　name

　　0　26　Ben

　　1　85　John

　　2　64　Jerry

```
In[ ]:df. to_csv('e:\\01. csv')#默认带上 Index
    df. to_csv('e:\\02. csv',index=False)#无 Index
```

（2）导出 Excel 文件。

to_excel 函数可以导出 Excel 文件。其命令格式如下：

to_excel(file_path,index＝TRUE,header＝TRUE)

其中,file_path 表示文件路径;index 表示是否导出行序号,默认是 TRUE,导出行序号; header 表示是否导出列名,默认是 TRUE,导出列名。

```
In[ ]:from pandas import DataFrame
      from pandas import Series
      Df＝DataFrame({'age':Series([26,85,64]),'name':Series(['Ben','John','Jerry'])})
      df.to_excel('e:\\01.xlsx')#默认带上 index
      df.to_excel('e:\\02.xlsx',index＝False)#无 index
```

本 章 小 结

本章介绍了 Python 的基本语法,主要为后续使用 Python 语言进行大数据处理与分析奠定基础。基本语法包括 Python 变量及运算符的使用,基本的赋值语句和输入输出语句的使用,以及 Python 的基本数据结构(包括字符串、列表、元组、字典和集合)的使用,介绍了模块和包的使用方法、结构化编程中分支和循环的使用方法以及自定义函数的使用方法,同时也介绍了常用的几个函数,包括过滤函数 filter( )、映射函数 map( )、累计计算函数 reduce( ),还介绍了匿名函数 lambda 的使用方法。在介绍基本语法的同时,重点讲解了具有 Python 语言特色的切片的使用,以及列表生成式的使用,这些编程技巧不仅可以使编写的代码看起来更加简洁优雅,也可以大大提高代码的执行速度,从而更好地体现 Python 语言的优势。除基本语法外,本章还介绍了 NumPy 数学库的使用,重点介绍了 NumPy 中数组的使用方法。后面将大量使用 Pandas 进行数据处理和分析,因此本章也介绍了 Pandas 中两个最基本的数据结构——Series 和 DataFrame,主要介绍了这两种数据结构的增删改查的方法。本章最后介绍了常用数据文件如文本文件、.csv 格式和 Excel 格式文件的导入导出方法。

课 后 习 题

一、单选题

1. Python 基本语法仅支持整数、浮点数和复数类型,NumPy 和 Pandas 库则支持 int64、int32、int16、int8 等 20 余种数值类型,以下说法不正确的是(　　)。

A. 科学计算可能涉及很多数据,对存储和性能有较高要求,因此需要支持更多种数值类型。

B. NumPy 底层是 C 语言实现,因此支持了多种数据类型。

C. 程序员必须精确指定数据类型,因此会给编程带来一定负担。

D. 对元素类型精确定义,有助于 NumPy 和 Pandas 库更合理优化存储空间。

2. 阅读如下代码：

```
import pandas as pd
a = pd. Series([9, 8, 7, 6], index=['a', 'b', 'c', 'd'])
```

则(　　)是 print(a. index)的结果。

A. [9, 8, 7, 6]

B. ['a', 'b', 'c', 'd']

C. ('a', 'b', 'c', 'd')

D. Index(['a', 'b', 'c', 'd'])

3. 生成一个 3 行 4 列全零的 ndarray 对象 a 的语句是(　　)。

```
a = np. _____((3,4), dtype='int32')
```

A. eye

B. zeros

C. full

D. ones

4. 请补全如下代码,随机生成一个(3,4)维的随机整数数组,空格内应填入(　　)。

```
import numpy as np
a = np. random. _____(100, 200, (3, 4))
```

A. random

B. rand

C. randint

D. rnd

5. 阅读如下代码:

```
import pandas as pd
dt = {'one': [9, 8, 7, 6], 'two': [3, 2, 1, 0]}
a = pd. DataFrame(dt)
```

希望获得['one', 'two'],则使用(　　)语句。

A. a. index

B. a. row

C. a. values

D. a. columns

6. 阅读如下代码:

```
import pandas as pd
dt = {'one': [9, 8, 7, 6], 'two': [3, 2, 1, 0]}
a = pd. DataFrame(dt)
```

则(　　)是 print(a. values)的结果。

A. [[9 8 7 6] [3 2 1 0]]

B. [3, 2, 1, 0]

C. [[9 3]

　[8 2]

　[7 1]

$$[6 \; 0]]$$

D. [9, 8, 7, 6]

7. 阅读如下代码：

```
import pandas as pd
dt = {'one': [9, 8, 7, 6], 'two': [3, 2, 1, 0]}
a = pd.DataFrame(dt)
```

希望获得[3, 2, 1, 0]，使用(　　　)语句。

A. a.ix[1]

B. a.index[1]

C. a.columns[1]

D. a['two']

8. 下面关于 Series 和 DataFrame 的理解，(　　　)是不正确的。

A. DataFrame 表示带索引的二维数据

B. Series 与 DataFrame 之间不能进行运算

C. Series 表示带索引的一维数据

D. 可以像对待单一数据一样对待 Series 和 DataFrame 对象

9. 补全如下代码，对生成的变量 a 根据索引在 0 轴上进行升序排列，空格内应填入(　　　)。

```
import pandas as pd
import numpy as np
a = pd.DataFrame(np.arange(20).reshape(4,5), index = ['z', 'w', 'y', 'x']) _____
```

A. a.sort_index(axis=0, ascending=True)

B. a.sort_index(axis=1, ascending=False)

C. a.sort(axis=0, ascending=True)

D. a.sort(axis=0, ascending=False)

10. 补充下列程序，计算 a 和 b 的相关系数，空格内应填入(　　　)。

```
import pandas as pd
a = pd.Series([1, 2, 3, 4, 5])
b = pd.Series([2, 3, 4, 5, 6])
a._____(b)
```

A. mean

B. median

C. corr

D. cov

11. 假设 a 和 b 都是 ndarray 数组对象，它们的维度相同，下面对 a>b 结果的描述，(　　　)是正确的。

A. 一个一维布尔型数组对象

B. a 或者 b，返回比较结果较大的

C. 一个布尔型数组对象，维度是 a.shape

D. True 或 False

12. 字符串的 strip 方法的作用是(　　　)。

A. 删除字符串头尾指定的字符

B. 删除字符串末尾的指定字符

C. 删除字符串头部的指定字符

D. 通过指定分隔符对字符串切片

13. 关于列表的说法,描述有错误的是(　　　)。

A. list 是一个有序集合,没有固定大小

B. list 可以存放任意类型的元素

C. 使用 list 时,其下标可以是负数

D. list 是不可变的数据类型

14. 下列选项中,正确定义了一个字典的是(　　　)。

A. a = ['a',1,'b',2,'c',3]

B. b = ('a',1,'b',2,'c',3)

C. c = {'a',1,'b',2,'c',3}

D. d = {'a':1,'b':2,'c':3}

15. 删除列表中最后一个元素的函数是(　　　)。

A. del　　　　　　　　　B. pop

C. remove　　　　　　　D. cut

16. 使用(　　　)关键字声明匿名函数。

A. function　　　　　　B. func

C. def　　　　　　　　D. lambda

17. 下列函数中,用于对指定序列进行过滤的是(　　　)。

A. map 函数

B. select 函数

C. filter 函数

D. reduce 函数

18. 下列方法中,能够返回某个子串在字符串中出现次数的是(　　　)。

A. length　　　　　　　B. index

C. count　　　　　　　D. find

19. 阅读下面的代码:

```
sum = 0
for i in range(100):
    if(i%10! =0):
        continue
    sum = sum + i
print(sum)
```

上述程序的执行结果是(　　　)。

A. 5050　　　　　　　　B. 4950

C. 450   D. 45

二、问答题

1. 请写出生成列表[50，51，52，…，100]的代码。

2. 已知代码如下：

m = [i+1 for i in range(20) if i % 3 = = 0]

则 m 的值是什么？

3. 已知代码如下：

```
from functools import reduce
arr = [[0,1], [2,3], [4,5]]
new = reduce(lambda pre,fol:pre + fol,arr)
```

则 new 的结果是什么？

4. 给定如下代码：

```
import pandas as pd
import numpy as np
a = pd. DataFrame(np. arange(1,11,1). reshape(5,2))
r=a. iloc[[1,4],:]
```

则 r 的结果是什么？

三、操作实践

请安装 Anaconda 环境,并在 Jupyter Notebook 环境下编写和调试上述问答题中的各道题,验证结果的正确性。

第5章

Python 基本数据处理

数据处理是一项复杂且烦琐的工作，同时也是整个数据分析过程中最为重要的环节。数据处理一方面能提高数据的质量，另一方面能让数据更好地适应特定的数据分析工具。数据处理的主要内容包括数据清洗、数据透视、数据分组、离散化处理、合并数据集等。

5.1 数 据 清 洗

数据清洗是数据价值链中最关键的步骤。在数据分析时，海量的原始数据中存在着大量不完整、不一致、有异常的数据，这些数据即使是通过最好的分析，也将产生错误的结果，并误导业务本身，严重影响到数据分析的结果，所以进行数据清洗就显得尤为重要。因此，在数据分析过程中，数据清洗占据了很大的工作量。数据清洗就是处理缺失数据及清除无意义的信息，如重复值的处理、缺失值的处理、异常值的处理等。

1. 重复值的处理

Python 的 Pandas 模块中去掉重复数据的方法包括以下两个。

(1)DataFrame 中的 duplicated 方法。返回一个布尔型的 Series，显示是否有重复行，没有重复行显示为 FALSE，有重复行则从重复的第二行起均显示为 TRUE。

(2)DataFrame 中的 drop_duplicates 方法。返回一个移除了重复行的 DataFrame。

duplicated 方法的格式如下：

duplicated(self, subset = None, keep = ′first′)

其中，subset 用于识别重复的列标签或列标签序列，默认所有列标签；keep = ′first′ 表示除第一次出现外，其余相同的数据被标记为重复，是默认值；keep = ′last′ 表示除最后一次出现外，其余相同的数据被标记为重复；keep = False 表示所有相同的数据都被标记为重复。

如果 duplicated 方法和 drop_duplicates 方法中没有设置参数，则这两个方法默认判断全部列。如果在这两个方法中加入了指定的属性名(或者称为列名)，例如：

frame. drop_duplicates([′state′])

则指定部分列(state 列)进行重复项的判断。

drop_duplicates 方法用于把数据结构中行相同的数据去除(保留其中的一行)。

```
In[ ]:from pandas import DataFrame
In[ ]:from pandas import Series
In[ ]:df = DataFrame({'age':Series([26,88,64,85,85]),'name':Series(['Ben','John','Jerry','John','John'])})
In[ ]:df
```

Out[ ]:		age	name
	0	26	Ben
	1	88	John
	2	64	Jerry
	3	85	John
	4	85	John

```
In[ ]:df. duplicated( )   #判断 df 中是否有重复的记录
```

Out[ ]:	0	False
	1	False
	2	False
	3	False
	4	True

```
In[ ]:df. duplicated('name')  #判断 df 的 name 列中是否有重复值
```

Out[ ]:	0	False
	1	False
	2	False
	3	True
	4	True

```
In[ ]:df. drop_duplicates( )  #删除重复的记录
```

Out[ ]:		age	name
	0	26	Ben
	1	88	John
	2	64	Jerry
	3	85	John

```
In[ ]:df. drop_duplicates('name')
```

Out[ ]:		age	name
	0	26	Ben
	1	88	John
	2	64	Jerry

2. 缺失值处理

从统计上说,缺失的数据可能会产生偏估计,从而使样本数据不能很好地代表总体。而现实中绝大部分数据都包含缺失值,因此如何处理缺失值很重要。一般来说,缺失值的处理包括两部分,即缺失数据的识别和缺失数据的处理。

(1)缺失数据的识别。

Pandas 使用浮点值 NaN 表示缺失数据,并使用 DataFrame 的 isnull( )和 notnull( )函数来判断缺失情况。当表中元素为 NaN 时,isnull( )函数返回 True,否则返回 False。notnull( )函数与 isnull( )的返回值恰好相反。

```
In[ ]:
from pandas import DataFrame
from pandas import read_excel
df = read_excel( r′data. xls′, sheet_name =′Sheet1′)
df. head(5)
```

Out[ ]:		学号	姓名	性别	数据结构	C 语言	编译原理	数据库	软件工程
	0	200702941101	魏竹	女	78	72.0	50	80	67.0
	1	200702941102	万佳	女	91	84.0	41	NaN	75.0
	2	200702941103	李航	男	95	85.0	76	78	71.0
	3	200702941104	王一苗	女	83	85.0	缓考	81	65.0
	4	200702941105	刘孙妙	女	85	85.0	77	82	72.0

```
In[ ]:df[ df. 数据库. notnull( ) = =False]
```

Out[ ]:		学号	姓名	性别	数据结构	C 语言	编译原理	数据库	软件工程
	1	200702941102	万佳	女	91	84.0	41	NaN	75.0

(2)缺失数据的处理。

对于缺失数据的处理方式有删除对应行和数据补齐(或数据填充)。DataFrame 的 dropna( )函数完成删除数据结构中值为空的数据行,而 fillna( )函数用于填充数据。

① dropna。删除数据结构中值为空的数据行。

df. dropna(axis = 0, how =′any′, thresh =None, subset =None, inplace =False)

a. axis。默认 axis = 0。0 为按行删除,1 为按列删除。

b. how。默认′any′。′any′指删除带缺失值的所有行/列;′all′指行/列都是缺失值才被删除。

c. thresh。int,保留含有 int 个非 NaN 值的行。

d. subset。删除特定列中包含缺失值的行或列。

e. inplace。默认 False,即筛选后的数据存为副本,True 表示直接在原数据上更改。

```
In[ ]:df. dropna( how =′any′, axis = 0). head(5)
```

Out[ ]:		学号	姓名	性别	数据结构	C 语言	编译原理	数据库	软件工程
	0	200702941101	魏竹	女	78	72.0	50	80	67.0
	2	200702941103	李航	男	95	85.0	76	78	71.0
	3	200702941104	王一苗	女	83	85.0	缓考	81	65.0
	4	200702941105	刘孙妙	女	85	85.0	77	82	72.0
	5	200702941106	王晓玲	女	95	85.0	70	81	58.0

可以看出′万佳′的记录因有空值(NaN)而已经被删除。

In[ ]:df. dropna(subset = [′数据库′,′软件工程′])

将"数据库"和"软件工程"中含有缺失值的记录全部删除。

②fillna( )。数据补齐,即用其他数值替代 NaN。

有时直接删除空数据会影响分析的结果,可以对数据进行填补。其格式如下:

fillna(value = None, method = None, axis = None, inplace = False, limit = None)

其中,method 可取值为 pad/ffill,用前一个非缺失值去填充缺失值,backfill/bfill 用下一个非缺失值填充缺失值,None 指定一个值去替换缺失值;limit 为限制填充个数,默认全部填充;axis 指 0 为按行,1 为按列,默认全部。当一起使用 method、limit、axis 参数时,limit 限制的是每行或每列可以填的个数,method 表示使用前一列/后一列或前一行或后一行非缺失值来填充缺失值。

例如:

In[ ]:df. fillna(0)　#用 0 值替代 NaN

In[ ]:df. fillna("?")　#用符号"?"替代 NaN

In[ ]:df. fillna(method =′pad′,axis =0). head(5) #用前一行的数据值替代 NaN

Out[ ]:		学号	姓名	性别	数据结构	C 语言	编译原理	数据库	软件工程
	0	200702941101	魏竹	女	78	72.0	50	80	67.0
	1	200702941102	万佳	女	91	84.0	41	80	75.0
	2	200702941103	李航	男	95	85.0	76	78	71.0
	3	200702941104	王一苗	女	83	85.0	缓考	81	65.0
	4	200702941105	刘孙妙	女	85	85.0	77	82	72.0

注:df. fillna(method =′bfill′),与 pad 相反,bfill 表示用后一行的数据代替 NaN。

In[ ]:df1 = df. fillna(df. mean( )) #用 NaN 所在列的平均数或其他统计量来代替 NaN

df. fillna({′列名 1′:值 1,′列名 2′:值 2}) 可以传入一个字典,对不同的列填充不同的值。

例如:

In[ ]:df. fillna({′数据库′:0,′软件工程′:60}) #对数据库列的空值填 0,对软件工程列的空值填 60

Out[ ]:		学号	姓名	性别	数据结构	C 语言	编译原理	数据库	软件工程
	0	200702941101	魏竹	女	78	72.0	50	80	67.0
	1	200702941102	万佳	女	91	84.0	41	0	75.0
	2	200702941103	李航	男	95	85.0	76	78	71.0
	3	200702941104	王一苗	女	83	85.0	缓考	81	65.0
	4	200702941105	刘孙妙	女	85	85.0	77	82	72.0

3. 异常值的处理

（1）通过格式转换发现并处理异常值。

在做数据分析时,原始数据往往会因为各种各样的原因而产生各种数据格式的问题,产生异常值,从而造成严重的后果,这也是要注意的一点。可以采用的处理过程为:首先查看格式;然后转换格式,转换过程中通过查看报错提示信息找到异常数据,再对数据进行处理。下面以处理电影数据中异常情况为例。

```
In[ ]:from pandas import read_excel
In[ ]:df = read_excel('电影数据. xlsx', header = 0)
In[ ]:df. head( )
```

Out[ ]:		名字	投票人数	类型	产地 （国家和地区）	上映时间	时长	年代	评分	首映地点 （国家和地区）
	0	肖申克的救赎	692 795.0	剧情/犯罪	美国	1994-09-10 00:00:00	142	1994	9.6	多伦多
	1	控方证人	42 995.0	剧情/悬疑/犯罪	美国	1957-12-17 00:00:00	116	1957	9.5	美国
	2	美丽人生	327 855.0	剧情/喜剧/爱情	意大利	1997-12-20 00:00:00	116	1997	9.5	意大利
	3	阿甘正传	580 897.0	剧情/爱情	美国	1994-06-23 00:00:00	142	1994	9.4	洛杉矶
	4	霸王别姬	478 523.0	剧情/爱情/ 同性	中国	1993-01-01 00:00:00	171	1993	9.4	中国香港

```
In[ ]:df['投票人数']. dtype
```
```
Out[ ]:dtype('float64')
```
```
In[ ]:df['投票人数'] = df['投票人数']. astype('int')   #格式转换没有报错,说明数据正常
In[ ]:df['年代']. dtype   #观察数据类型,正常情况下应为数值型
```
```
Out[ ]:dtype('O')      #结果为对象类型,因此进行格式转换
```
```
In[ ]:df['年代'] = df['年代']. astype('int')
```
该句执行时,会显示下面的报错信息:

Out[ ]:ValueError:invalid literal for int( ) with base 10：'2008\u200e'

由此提供了线索,可以据此进行下面的操作。

In[ ]:df[df.年代 = = '2008\u200e'] #查找报错的数据行

Out[ ]:

	名字	投票人数	类型	产地（国家和地区）	上映时间	时长	年代	评分	首映地点
15205	狂蟒惊魂	544	恐怖	中国	2008-04-08 00:00:00	93	2008	2.7	美国

In[ ]:df.loc[15205,'年代'] = 2008 #更改错误的数据

In[ ]:df['年代'] = df['年代'].astype('int') #没有报错

In[ ]:df['时长'] = df['时长'].astype('int') #报错

Out[ ]:ValueError:invalid literal for int( ) with base 10：'8U'

In[ ]:df[df.时长 = = '8U']   #根据错误信息查看索引号为31644

In[ ]:df.drop([31644],inplace = True)   #删除报错记录

In[ ]:df[df.时长 = = '12J'] #另一处时长有问题的记录

Out[ ]:

	名字	投票人数	类型	产地（国家和地区）	上映时间	时长	年代	评分	首映地点
32949	渔业危机	41	纪录片	英国	2009-06-19 00:00:00	12J	2008	8.2	USA

In[ ]:df.drop([32949],inplace = True)   #删除错误记录,当然也可以修改值

(2)通过基本统计分析发现异常值。

通过描述性统计,可以发现一些异常值,很多异常值往往需要逐步去发现。查看描述性统计信息的函数如下:

DataFrame.describe( )

该函数可以显示数据集中类型为数值型数据的各列的记录数、平均值、标准差、最大值、最小值和分位数等。例如:

In[ ]:df.describe( )

Out[ ]:

	投票人数	时长	年代	评分
count	38729.000000	38729.000000	38729.000000	38729.000000
mean	6187.252343	89.051667	1997.830205	6.935503
std	26146.390681	83.341438	168.594301	1.270086
min	-118.000000	1.000000	1888.000000	2.000000
25%	98.000000	60.000000	1990.000000	6.300000
50%	341.000000	92.000000	2005.000000	7.100000
75%	1741.000000	106.000000	2010.000000	7.800000
max	692795.000000	11500.000000	34943.000000	9.900000

In[ ]:df.drop(df[df.投票人数<0].index,inplace＝True)　#删除投票人数小于 0 的数据行

　　假设知道此数据集中只包含 2016 年以前的数据,而从上面的输出中可以看到年代数据存在异常值。

In[ ]:df[df.年代>2016]

Out[ ]:		名字	投票人数	类型	产地 （国家和地区）	上映时间	时长	年代	评分	首映地点 （国家和地区）
	13882	武之舞	128	纪录片	中国	1997－02－01 00:00:00	60	34943	9.9	美国

In[ ]:df.drop(df[df.年代>2016].index,inplace＝True)　#删除异常数据
In[ ]:df[df.年代>2016][:5]　　#显示空记录
In[ ]:len(df)

Out[ ]:38725

In[ ]:df.index＝range(len(df))　#重新设定索引
In[ ]:df.tail(5)

Out[ ]:		名字	投票人数	类型	产地 （国家和地区）	上映时间	时长	年代	评分	首映地点 （国家和地区）
	38720	失踪的女中学生	101	儿童	中国	1905－06－08 00:00:00	102	1986	7.4	美国
	38721	喧闹村的孩子们	36	家庭	瑞典	1986－12－06 00:00:00	9200	1986	8.7	瑞典
	38722	血战台儿庄	2908	战争	中国	1905－06－08 00:00:00	120	1986	8.1	美国
	38723	极乐森林	45	纪录片	美国	1986－09－14 00:00:00	90	1986	8.1	美国
	38724	1935 年	57	喜剧/歌舞	美国	1935－03－15 00:00:00	98	1935	7.6	美国

In[ ]:df['产地(国家和地区)'].unique()　#查看值,去掉重复的
array(['美国','意大利','中国','日本','法国','英国','韩国','中国香港','阿根廷','德国','印度','其他','加拿大','波兰','泰国','澳大利亚','西班牙','俄罗斯','中国台湾','荷兰','丹麦','比利时','墨西哥','巴西','瑞典', dtype＝object)

In[ ]:len(df['产地(国家和地区)'].unique())

Out[ ]:25

In[ ]:df['产地(国家和地区)'].replace('USA','美国',inplace＝True)　　#用替换的方法处理重复值
In[ ]:df['产地(国家和地区)'].replace(['西德','苏联'],['德国','俄罗斯'],inplace＝True)

5.2 数 据 透 视

Pandas 中提供了数据透视的功能,数据透视即对数据动态排布并且分类汇总。在 Pandas 中用于实现此功能的函数是 pivot_table(透视表)。使用透视表要求用户需确保理解自己的数据,并清楚地知道想通过透视表解决什么问题。虽然透视表看起来只是一个简单的函数,但是它能够快速地对数据进行强大的分析。pivot_table 基础形式如下:

pivot_table(data, values = None, index = None, columns = None, aggfunc = ′mean′,
fill_value = None, margins = False, dropna = True, margins_name = ′All′)

1. pivot_table 的基本使用

下面通过示例介绍透视表的基本使用。

```
In[ ]:import pandas as pd
In[ ]:pd. set_option(′max_columns′,100) #设置最多列数
In[ ]:pd. set_option(′max_rows′,500)       #设置最多行数
In[ ]:df=pd. read_excel(′电影数据. xlsx′,header=0)
```

【例 5.1】 按年代分别统计投票人数和评分的平均值。

在 aggfunc 参数不指定的情况下,默认求解平均值,且是对数据集中所有数值型的数据列进行统计。

```
In[ ]:pd. pivot_table( df,index = [′年代′])
```

Out[ ]:	年代	投票人数	评分
	1888	388.000000	7.950000
	1890	51.000000	4.800000
	1892	176.000000	7.500000
	1894	112.666667	6.633333
	……		

【例 5.2】 按年代和产地(国家和地区)分别统计投票人数和评分的平均值。

此处可以使用多个索引,大多数 pivot_table 参数通过列表获取多个值。

```
In[ ]:pd. pivot_table( df,index = [′年代′,′产地(国家和地区)′])
```

Out[ ]:	年代	产地(国家和地区)	投票人数	评分
	1888	英国	388.000000	7.950000
	1890	美国	51.000000	4.800000
	1892	法国	176.000000	7.500000
	1894	法国	148.000000	7.000000
		美国	95.000000	6.450000

　　1895　法国　959.875000　7.575000

　　……

【例 5.3】　按产地进行分组,分别对"投票人数"列和"评分"列求和及求平均值。

In[ ]:pd. pivot_table(df,index = ['产地(国家和地区)'],values = ['投票人数','评分'],
aggfunc = [np. sum,np. mean])

Out[ ]:	sum		mean	
产地(国家和地区)	投票人数	评分	投票人数	评分
美国	1.018060e+08	83211.5	8499.417348	6.947028
中国台湾	5.237466e+06	4367.2	8474.864078	7.066667
中国	4.143544e+07	23067.9	10895.461741	6.065711
中国香港	2.328531e+07	18464.0	8164.554348	6.474053
丹麦	3.947840e+05	1434.7	1993.858586	7.245960
俄罗斯	3.403480e+05	1577.9	1540.036199	7.139819
……				
韩国	8.761080e+06	8596.4	6484.885270	6.362990

　　非数值(NaN)难以处理。如果想移除它们,可以使用"fill_value"将其设置为 0。

In[ ]:pd. pivot_table(df,index = ['产地(国家和地区)'],aggfunc = [np. sum,np. mean],fill_
value = 0)

　　加入 margins = True,可以在下方显示一些总和数据。

In[ ]:pd. pivot_table(df,index = ['产地(国家和地区)'],values = ['投票人数','评分'],aggfunc =
[np. sum,np. mean],fill_value = 0,margins = True)

Out[ ]:	sum		mean	
产地(国家和地区)	投票人数	评分	投票人数	评分
美国	1.018060e+08	83211.5	8499.417348	6.947028
中国台湾	5.237466e+06	4367.2	8474.864078	7.066667
中国	4.143544e+07	23067.9	10895.461741	6.065711
中国香港	2.328531e+07	18464.0	8164.554348	6.474053
丹麦	3.947840e+05	1434.7	1993.858586	7.245960
……				
韩国	8.761080e+06	8596.4	6484.885270	6.362990
All	2.391122e+08	264255.7	6263.579828	6.922219

【例 5.4】　对各个地区的投票人数求和,对评分求平均值。
对不同值执行不同的函数时,可以向 aggfunc 传递一个字典。

In[ ]:pd. pivot_table (df, index = ['产地 (国家和地区)'], values = ['投票人数','评分'], aggfunc = {'投票人数':np. sum,'评分':np. mean } , fill_value = 0, margins = True)

2. 透视表过滤和排序

透视表本质上是一个 DataFrame, 因此也可以进行过滤和排序。

【例5.5】 对各年代的投票人数和评分进行计算, 对投票人数求和, 对评分求平均值。

In[ ]:table = pd. pivot_table(df, index = ['年代'], values = ['投票人数','评分'], aggfunc = {'投票人数':np. sum,'评分':np. mean}, fill_value = 0, margins = True)

In[ ]:type(table)

Out[ ]:pandas. core. frame. DataFrame

In[ ]:table[:5]

Out[ ]:	年代	投票人数	评分
	1888	776.0	7. 950000
	1890	51.0	4. 800000
	1892	176.0	7. 500000
	1894	338.0	6. 633333
	1895	7679.0	7. 575000

DataFrame 默认是按 index 进行排序, 假如希望按某个字段的取值排序, 可以用 sort_values 方法。例如, 按照投票人数进行排序:

In[ ]:table. sort_values(by ='投票人数')[:5]　#默认排序方式为升序
In[ ]:table. sort_values(by ='投票人数', ascending = False)[:5] #指定降序排序

可以按照多个值排序。例如, 先按照评分, 再按照投票人数排序:

In[ ]:table. sort_values(by = ['评分','投票人数'], ascending = False)[:5]

5.3 数 据 分 组

透视表完成的功能可以看作对数据的分组统计。此外, DataFrame 还有两个方法也可以实现的分组, 即 value_counts 方法和 groupby 技术。

1. value_counts 方法

value_counts 是一种查看表格某列中有多少个不同值的快捷方法, 并计算每个不同值在该列中的个数。value_counts 可以是 Pandas 的函数, 也可以作用在 Series 和 DataFrame 下。

pandas 下的语法格式如下:

```
pandas. value_counts(
        values,                      #值为某列,如 df['列名']
        sort = True,                 #是否排序,默认要排序
        ascending = False,           #默认降序排列
        normalize = False,           #True 表示标准化,返回的是比例,False 返回的频次
        bins = None,                 #可以自定义分组区间,默认没有,也可以自定义区间
        dropna = True                #是否删除 NaN,默认删除
)
```

DataFrame 下的语法格式如下:

```
dataframe. value_counts(subset = None,    #表示根据某列进行统计分析,如 subset = ['列名']
                normalize = False,
                sort = True,
                ascending = False,
                normalize = False,
                bins = None,
                dropna = True)
```

以下两种形式的结果相同:

```
data. value_counts(subset = ['age'])
data['age']. value_counts()
```

【例 5.6】　计算每一年的产出数量。

```
In[ ]:len(df['年代']. unique())
```

```
Out[ ]:126
```

```
In[ ]:df['年代']. value_counts()[:10] #分组统计后显示前 10 条记录
```

```
Out[ ]:    2012    2042
           2013    2001
           2008    1963
           2014    1887
           2010    1886
           2011    1866
           2009    1862
           2007    1711
           2015    1592
           2006    1515
           Name:年代, dtype: int64
```

【例 5.7】 列出电影产出前五名的国家和地区。

```
In[ ]:df['产地(国家和地区)'].value_counts( )[:10]
```

```
Out[ ]:     美国        11866
            日本         5051
            中国         3802
            中国香港      2851
            法国         2816
            英国         2762
            其他         1920
            韩国         1351
            德国          902
            意大利         749
            Name:产地(国家和地区), dtype:int64
```

```
In[ ]:df.to_excel('movie_data2.xls') #保存到 movie_data2.xls 文件中
```

2. groupby 技术

Pandas 中的 DataFrame 提供了一个灵活高效的分组和分组运算功能,能够实现按"字段"列对数据 data 进行分组。groupby 函数的基本格式如下:

data. groupby(分组列)

其中,data 表示要分组的原始数据;分组列表示分组参考的数据列。如果 data 中含有分组列,可以用['分组列名']表示,否则需要用 data ['分组列名']表示。

【例 5.8】 按照电影的产地(国家和地区)进行分组。

```
In[ ]:group=df.groupby(['产地(国家和地区)'])　#定义 group 变量
In[ ]:group.mean( )　#计算分组后各组的平均值
In[ ]:group.sum( )　#计算分组后各组的和
```

【例 5.9】 计算每年的平均评分。

```
In[ ]:df['评分'].groupby(df['年代']).mean( ) #此处不能写成 groupby(['年代'])
```

也可以使用下列方法:

```
In[ ]:df.groupby(df['年代'])['评分'].mean( )
```

也可以传入多个分组变量:

```
In[ ]:df.groupby([df['产地(国家和地区)'],df['年代']]).mean( )
```

【例 5.10】 获得每个地区每年的电影评分均值。

```
In[ ]:means=df['评分'].groupby([df['产地(国家和地区)'],df['年代']]).mean( )
```

5.4　离散化处理

在实际数据分析时,往往不关注某些数据的绝对取值,而只关注它所处的区间或等级,如可以把评分 9 分以上的电影定义为 A,把评分 7~9 分的定义为 B,5~7 的定义为 C,3~5 的定义为 D,小于 3 的定义为 E,这种处理数据的方式称为离散化,又称分组、区间化。Pandas 提供了用于离散化的函数 cut( )。设 pd 为一个 DataFrame 对象,cut 的格式如下:

pd. cut(x,bins,right = True,labels = None,retbins = False,precision = 3,include_lowest = False)

参数解释如下。

(1)x。需要离散化的数组、Series、DataFrame 等对象。

(2)bins。分组的依据,区间的划分,可以是数字、序列。

(3)right。默认包括右端。

(4)include_lowest。默认不包括左端。

(5)labels。各等级的名称。

【例5.11】　按照评分区间[0,3,5,7,9,10]对数据框增加一个"评分等级"列,对应级别分别为 E、D、C、B、A,其中 0~3(包括3)为 E 级,3~5(包括5)为 D 级,等等。

In[ ]: df['评分等级'] = pd. cut(df['评分'],[0,3,5,7,9,10],labels = ['E','D','C','B','A'])

【例5.12】　根据投票人数来刻画电影的热门,投票越多的热门程度越高。

In[ ]:df['投票人数']. max( )　#计算一个数组的任意百分比分位数,此处的百分位是从小到大排列,用 numpy 中的函数 percentile( )实现

In[ ]:bins = np. percentile(df['投票人数'],[0,20,40,60,80,100])

In[ ]:df['热门程度'] = pd. cut(df['投票人数'],bins,labels = ['E','D','C','B','A'])

【例5.13】　求投票人数很多但评分很低的电影。

In[ ]: df[(df. 热门程度 == 'A') & (df. 评分等级 == 'E')]

【例5.14】　求冷门高分电影。

In[ ]: df[(df. 热门程度 == 'E') & (df. 评分等级 == 'A')]

处理后的数据保存为 movie_data3. xlsx,以备后用。

5.5　合并数据集

合并数据集可以使用 merge 和 concat 方法完成。这两个方法均可用于实现两个数据集的纵向拼接,也可以实现横向拼接。

1. merge **方法**

merge 的详细语法如下:

pandas. merge(left,right,how = 'inner',on = None,left_on = None,right_on = None,

left_index = False,right_index = False,sort = True,

suffixes = ('_x','_y'),copy = True,indicator = False)

参数解释如下。

(1)left。第一个对象。

(2)right。另一个对象。

（3）how。拼接方式，'left'、'right'、'outer'、'inner'分别为左连接、右连接、外连接和内连接，默认为'inner'。

（4）on。连接的列（名称）。必须在左、右对象中找到。如果不能通过 left_index 和 right_index，将推断 DataFrames 中的列的交叉点为连接键。

（5）left_on。左边的键列。

（6）right_on。右边的键列。

（7）left_index。如果为 True，则使用左边的索引（行标签）作为连接键。

（8）right_index。如果为 True，则使用右边的索引（行标签）作为连接键。

（9）sort。通过连接键按字典顺序对结果进行排序。设置为 False 将在许多情况下极大地提高性能。

（10）suffixes。多个对象中有相同列名称时，生成后缀加以区分，默认值为（'_x'，'_y'）。

【例 5.15】 首先选取五部热门电影为第一个数据框 df1；然后取第二个数据框 df2，包括名字和产地（国家和地区）两列，并为第二个数据框增加一列"票房"；再将第二个数据框记录打乱并重新建立索引；最后对两个数据框进行合并，观察结果。

```
In[ ]:df1 = df.loc[ :5]
In[ ]:df2 = df.loc[ :5][['名字','产地（国家和地区）']]
In[ ]:df2['票房'] = [45645,343445,45454,46565,45546,787]
In[ ]:df2 = df2.sample(frac = 1)    #记录打乱
In[ ]:df2.index = range(len(df2))
```

现在，需要把 df1 和 df2 合并。可以发现，df2 有票房数据，df1 有评分等其他信息。由于样本的顺序不一致，因此不能采取直接复制的方法。按照名字连接两个数据集。

```
In[ ]:pd.merge(df1,df2,how = 'inner',on = '名字')
```

Out[ ]:		名字	投票人数	类型	产地（国家和地区）_x	上映时间	时长	年代	评分	首映地点	产地（国家和地区）_y	票房
	0	肖申克的救赎	692795	剧情/犯罪	美国	1994-09-10 00:00:00	142	1994	9.6	美国	美国	45645
	1	控方证人	42995	剧情/悬疑/犯罪	美国	1957-12-17 00:00:00	116	1957	9.5	美国	美国	343445
	2	美丽人生	327855	剧情/喜剧/爱情	意大利	1997-12-20 00:00:00	116	1997	9.5	意大利	意大利	45454
	3	阿甘正传	580897	剧情/爱情	美国	1994-06-23 00:00:00	142	1994	9.4	美国	美国	46565
	4	霸王别姬	478523	剧情/爱情/同性	中国	1993-01-01 00:00:00	171	1993	9.4	中国香港	中国	45546
	5	泰坦尼克号	157074	剧情/爱情/灾难	美国	2012-04-10 00:00:00	194	2012	9.4	中国	美国	787

由于两个数据集都存在产地（国家和地区），因此合并后会有两个产地（国家和地区）信息。

2. concat **方法**

pandas. concat( ) 函数返回一个合并后的 DataFrame,是将 Pandas 对象与其他轴上的可选设置逻辑连接起来。其语法结构如下:

pandas. concat(objs, axis = 0, join = ′outer′, ignore_index = False, keys = None,

　　　levels = None, names = None, sort = False, verify_integrity = False, copy = True)

主要参数说明如下。

(1)objs。需要连接的数据,可以是多个 DataFrame 或 Series。

(2)axis。轴方向。连接轴的方法,默认是 0,按行连接,为 1 时按列连接,追加到列后边。

(3)Join。合并方式。轴上的数据是按交集(inner)还是并集(outer)进行合并。

(4)ignore_index。是否保留原表索引,默认保留,为 True 会自动增加自然索引。

(5)keys。使用传递的键作为最外层级别来构造层次结构索引,即为各表指定一个一级索引。

(6)sort。对非连接轴进行排序。

(7)copy。如果为 False,则不要深拷贝。

【例 5.16】　将两个数据集用 concat 方法合并。

```
In[ ]:df1 = df[ :10]
      df2 = df[100:110]
      dff = pd. concat([ df1 ,df2] ,axis = 0) #增加行向
```

按行合并时,如果两个数据集的列完全相同,则直接合并;如果列不同,则两个数据集各列的并集为最终的列名,并且设置没有对应列的数据集的该列值为 NaN。如下面的示例所示:

```
In[ ]: df3 = pd. DataFrame([ [ ′a′, 1], [ ′b′, 2] ], columns = [ ′letter′, ′number′] )
       df4 = pd. DataFrame ([ [ ′c′, 3, ′cat′], [ ′d′, 4, ′dog′] ], columns = [ ′letter′,
       ′number′, ′animal′] )
       dff1 = pd. concatt([ df3 ,df4] ,axis = 0)
       dff1
```

```
Out[ ]:     letter numberanimal
        0    a     1     NaN
        1    b     2     NaN
        0    c     3     cat
        1    d     4     dog
```

按列合并时,需要设置参数 axis = 1,且数据列直接进行追加,两个数据集中索引值相同的将合并为一行。如下列代码所示:

```
In[ ]:dff1 = pd. concat([ df3 ,df4] ,axis = 1)
```

```
Out[ ]:    letter  number  letter  number  animal
        0    a       1       c       3      cat
```

1	b	2	d	4	dog

本 章 小 结

本章介绍了 Python 的基本数据处理方法，包括数据清洗、数据透视、数据分组、离散化处理和合并数据集。数据清洗包括重复数据的处理、缺失值的处理和异常值的处理。数据透视主要介绍 pivot_table 的使用。数据分组既可以使用 pivot_table，也可以使用 value_counts 函数和 groupby 技术。离散化处理可使用 Pandas 中的 cut 函数实现。本章最后介绍了合并数据集的方法——Pandas 中的 concat 和 merge 函数，可实现横向和纵向数据的合并。

课 后 习 题

一、单选题

1. 将数据框 df 中行相同的数据去除（保留其中的一行），使用的方法是（　　）

A. df. duplicated( )　　　　　　　　B. df. drop_duplicates( )

C. duplicated(df)　　　　　　　　　D. drop_duplicates(df)

2. 去除数据框 df 中含有空值的数据行，使用的代码是（　　）。

A. df. dropna( )　　　　　　　　　　B. df. dropna(how = 'all')

C. dropna(df)　　　　　　　　　　　D. dropnull(df)

3. 在数据框 df 中用平均数代替 NaN 的语句是（　　）。

A. df. fillna(df. avg( ))　　　　　　B. df. fillna(df. mean( )):

C. fillna(mean( ))　　　　　　　　　D. fillna(df. mean( ))

4. 已知数据框 df 的部分数据如图 5.1 所示。

名字	投票人数	类型	产地	上映时间	时长	年代	评分
肖申克的救赎	692795	剧情/犯罪	美国	1994-09-10	142	1994	9.6
控方证人	42995	剧情/悬疑/犯罪	美国	1957-12-17	116	1957	9.5
美丽人生	327855	剧情/喜剧/爱情	意大利	1997-12-20	116	1997	9.5
阿甘正传	580897	剧情/爱情	美国	1994-06-23	142	1994	9.4
霸王别姬	478523	剧情/爱情/同性	中国	1993-01-01	171	1993	9.4
泰坦尼克号	157074	剧情/爱情/灾难	美国	2012-04-10	194	2012	9.4

图 5.1　习题 4 数据框 df 的部分数据

计算每年的平均评分的语句是（　　）。

A. df['评分']['年代']. groupby( ). mean( )

B. df['评分']. groupby(df['年代']). mean( )

C. df. groupby('年代')['评分']. mean( )

D. df. groupby(df. 年代)[df. 评分]. mean( )

5. 已知数据框 df 的部分数据如图 5.2 所示。

选出电影数量位于前十的国家的语句是（　　）。

A. df['产地']. value_counts( )[1:10]

名字	投票人数	类型	产地	上映时间	时长	年代	评分
肖申克的救赎	692795	剧情/犯罪	美国	1994-09-10	142	1994	9.6
控方证人	42995	剧情/悬疑/犯罪	美国	1957-12-17	116	1957	9.5
美丽人生	327855	剧情/喜剧/爱情	意大利	1997-12-20	116	1997	9.5
阿甘正传	580897	剧情/爱情	美国	1994-06-23	142	1994	9.4
霸王别姬	478523	剧情/爱情/同性	中国	1993-01-01	171	1993	9.4
泰坦尼克号	157074	剧情/爱情/灾难	美国	2012-04-10	194	2012	9.4

图 5.2　习题 5 数据框 df 的部分数据

B. df['产地'].value_counts()[1:11]

C. df['产地'].value_counts()[:10]

D. df['产地'].sort_counts()[:10]

6. 已知数据框 df 的部分数据如图 5.3 所示。

名字	投票人数	类型	产地	上映时间	时长	年代	评分
肖申克的救赎	692795	剧情/犯罪	美国	1994-09-10	142	1994	9.6
控方证人	42995	剧情/悬疑/犯罪	美国	1957-12-17	116	1957	9.5
美丽人生	327855	剧情/喜剧/爱情	意大利	1997-12-20	116	1997	9.5
阿甘正传	580897	剧情/爱情	美国	1994-06-23	142	1994	9.4
霸王别姬	478523	剧情/爱情/同性	中国	1993-01-01	171	1993	9.4
泰坦尼克号	157074	剧情/爱情/灾难	美国	2012-04-10	194	2012	9.4

图 5.3　习题 6 数据框 df 的部分数据

补充下列代码,完成按产地进行分组,对"投票人数"列和"评分"列求平均值。空格内应填入(　　)。

pd._____(df,index=['产地'],values=['投票人数','评分'],aggfunc=[np.mean])

A. group_by　　　　　　　　　　　　B. pivot_table

C. concat　　　　　　　　　　　　　D. merge

二、问答题

1. Pandas 中实现分组统计的方法有哪些？请举例说明。

2. 如何利用 Pandas 实现数据集的合并？横向合并和纵向合并的方法有哪些？

三、操作实践

已知酒店数据集存放在文件"酒店数据.xls"中,其中部分数据如图 5.4 所示。请在 Jupyter NoteBook 环境下用 Python 语言编程,实现下列功能。

1. 对数据进行清洗,包括:

(1)读入数据,查看是否有重复行,请删除重复行;

(2)检查各列是否有缺失值,并采取适当的方法进行处理,如果评分列存在空值则填充为均值,如果名字列存在空值则删除对应记录等。

2. 将酒店数据表添加一列"等级",级别按照评分区间[0,3,4,5]分为"C""B""A"三个级别。

名字	类型	城市	地区	地点	评分	评分人数	价格
香港嘉湖海逸酒店(Harbour Plaza Resort City)	休闲度假	香港	元朗	天水围天恩路18号	4.6	17604	422
香港铜锣湾皇悦酒店(Empire Hotel Hong Kong-Causeway Bay)	浪漫情侣	香港	东区	铜锣湾永兴街8号	4.5	12708	693
香港鲨荟酒店(The BEACON)	商务出行	香港	油尖旺	九龙旺角洗衣街88号	4.7	328	747
香港湾仔帝盛酒店(Dorsett Wanchai)	浪漫情侣	香港	湾仔	皇后大道东387-397号	4.4	5014	693
如心艾朗酒店(L 'hotel elan)	浪漫情侣	香港	观塘	观塘创业街38号	NaN	3427	581
香港隆堡柏宁酒店(Hotel Pennington by Rhombus)	浪漫情侣	香港	湾仔	铜锣湾边宁顿街13-15号	4.5	1938	869
海景嘉福洲际酒店(InterContinental Grand Stanford Hong	海滨风光	香港	油尖旺	尖沙咀东部麽地道70号	4.7	4366	1296
香港怡东酒店(Excelsior Hotel)	海滨风光	香港	湾仔	铜锣湾吉士打道281号	4.6	6961	1184
香港怡东酒店(Excelsior Hotel)	海滨风光	香港	湾仔	铜锣湾吉士打道281号	4.6	6961	1184
香港富豪九龙酒店(Regal Kowloon Hotel)	休闲度假	香港	油尖旺	尖沙咀麽地道71号	4.5	11265	692
港岛香格里拉大酒店(Island Shangri-La)	海滨风光	香港	中西区	金钟中区法院道太古广场	4.8	4182	2836
香港广易商务宾馆(原庭旅馆)(WIDE EVER HOSTEL)	地铁周边	香港	油尖旺	九龙旺角弥敦道607号新兴大厦14楼1	4.1	1029	218
香港铜锣湾皇冠假日酒店(Crowne Plaza Hong Kong Causeway	休闲度假	香港	湾仔	铜锣湾礼顿道八号	4.7	4446	1633
香港都会海逸酒店(Harbour Plaza Metropolis)	海滨风光	香港	油尖旺	红磡 都会道7号	4.5	14872	562

图5.4   酒店数据集示例

第6章

Python 数据可视化

数据可视化是指借助图形、图像等手段,清晰有效地展示数据,通过直观地传达关键内容和特征,从而实现对事物的深入洞察。在 Python 中,图形展示经常采用的图形库(包)有 matplotlib、seaborn、ggplot 等,甚至 Pandas 中也提供了绘图功能。本章将重点介绍 matplotlib 和 seaborn 两个图形包的使用。另外,本章还将介绍中文分词及其词云图的绘制方法,图像部分将主要介绍 PIL 和 OPENCV 两个包的使用。

6.1 matplotlib 绘图基础

matplotlib 是一个 Python 的 2D 图形包,其中的 pyplot 模块封装了很多类似 Matlab 中绘图的相关函数,所完成的功能包括产生新的图形、在图形中产生新的绘图区域、在绘图区域中画线、给绘图加上标记等。

使用前,首先导入相关的包。习惯上,经常将 plt 作为 pyplot 模块的别名,如下所示:

```
import matplotlib. pyplot as plt
import numpy as np
```

6.1.1 基本绘图函数

1. plt. show( ) 函数

默认情况下,matplotlib. pyplot 不会直接显示图像,只有调用 plt. show( )函数时,才会默认在新窗口打开一幅图像。不过可以将它嵌入到 notebook 中,并且不需要调用 plt. show( )也可以显示。执行下列命令即可:

```
% matplotlib inline
```

2. plt. plot( ) 函数

plot 函数调用方式如下 :

plt. plot (x , y , format_string , * * kwargs)

参数说明如下。

(1)x。表示 x 轴数据,可以是单个数值、列表或数组,若不赋值,则默认取 0 开始的序列。

（2）y。表示 y 轴数据，可以是单个数值、列表或数组。

（3）format_string。控制曲线的格式字符串，表示曲线的颜色、线型和点标记，为可选项。

（4）＊＊kwargs。表示第二组或更多（x，y，format_string）。

注意：当绘制多条曲线时，各条曲线的 x 参数不能省略。

【例6.1】 绘制下列三个函数在区间[0,5)的图形：

$$y = t, y = t^2, y = t^3$$

```
In[ ]:
t = np. arange(0. ,5. ,0.2)
plt. plot(t,t,'r--',t,t**2,'bs',t,t**3,'g^')
plt. plot(2,40,'bs')
plt. show( )
```

Out[ ]:

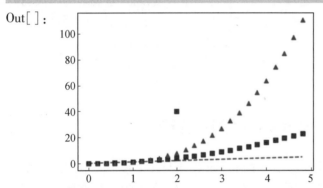

对于线条属性，既可以用前面提到的字符串来控制，也可以通过关键字来改变线条的性质。例如，linewidth 可以改变线条的宽度，color 可以改变线条的颜色等。

【例6.2】 绘制 y = sin(x)，x 在[−π,π]之间的图形。

```
In[ ]:
x = np. linspace(−np. pi,np. pi,50)
y = np. sin(x)
plt. plot(x,y,linewidth = 4.0,color = 'r')
plt. show( )
```

Out[ ]:

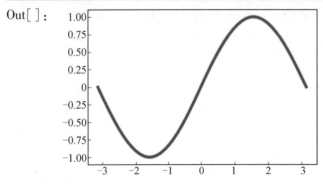

也可以利用 plot 函数返回的对象进行属性设置。

```
In[ ]:
line1,line2 = plt.plot(x,y,'r-',x,y+1,'g-')
line1 = line1.set_antialiased(False)    #去除曲线的锯齿
line2 = line2.set_linewidth(10)
plt.show()
```

Out[ ]:

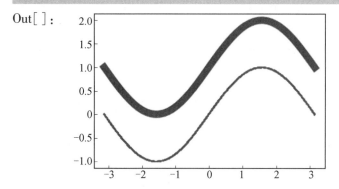

6.1.2　子图绘制

1. figure( ) 函数定义绘图区域

在 pyplot 中可有多个绘图区域。pyplot 会记住当前的图形和绘图区域,因此绘图函数直接作用在当前的图形上。定义绘图区域使用 figure 函数。figure( ) 函数定义如下:

figure(num = None, figsize = None, dpi = None, facecolor = None, edgecolor = None, frameon = True)

参数说明如下:

(1) num。图像编号或名称,数字为编号 ,字符串为名称。

(2) figsize。指定 figure 的宽和高,单位为 in(1 in = 2.54 cm)。

(3) dpi。指定绘图对象的分辨率,即每英寸多少个像素,缺省值为 80。

(4) facecolor。背景颜色。

(5) edgecolor。边框颜色。

(6) frameon。是否显示边框。

例如,plt.figure(1),这里的 figure(1) 是可以省略的,因为默认情况下 plt 会自动产生一幅图像。

【例 6.3】　使用 figure 定义一个绘图区域,设置前景色为绿色,画一个红色的点。

```
In[ ]:
import matplotlib.pyplot as plt       #创建自定义图像
fig = plt.figure(figsize = (8,6),facecolor = 'green')  #按比例创建图像区域,指定背景色
plt.plot(10,20,'r^')
plt.show()
```

Out[ ]:

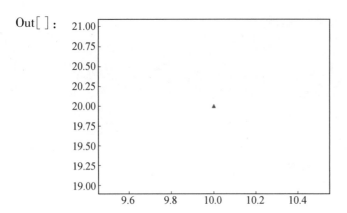

2. 子图(Axes)的设置

在 matplotlib 下,一个 figure 对象可以包含多个子图。设置并获得子图的方法有两种:一种是用 plt. subplot( )函数,另一种是用 plt. subplots( )函数。

(1)用 plt. subplot( )函数。

命令格式如下:

plt. subplot (numRows , numCols , plotNum)

此命令表示将图表的整个绘图区域分成 numRows 行和 numCols 列,然后按照从左到右、从上到下的顺序对每个子区域进行编号。左上的子区域的编号为1,plotNum 参数指定创建的子图对象所在的区域。如果 numRows=2,numCols= 3 ,那么整个绘制图表平面会划分成 2×3 个图片区域,用坐标表示如下:

(1, 1), (1, 2), (1, 3)

(2, 1), (2, 2), (2, 3)

当 numRows $*$ numCols<10 时,中间的逗号可以省略,因此

plt. subplot(211)

就相当于

plt. subplot(2,1,1)

【例 6.4】　用 plt. subplot( )在两个子图中分别绘制下列两个函数的图形,区间分别为 [0,5]和[0,2]:

$$y=\cos(2\pi x)\times e^{-x}$$
$$y=\cos(2\pi x)$$

In[ ]:

#subplot( )绘制多个子图

import　numpy　as　np

import matplotlib. pyplot as plt

#生成 x

x1 = np. linspace (0.0,5.0)

x2＝np. linspace(0.0,2.0)

```
#生成 y
y1 = np.cos(2 * np.pi * x1) * np.exp(-x1)
y2 = np.cos(2 * np.pi * x2)
#绘制第一个子图
plt.subplot(2,1,1)
plt.plot(x1,y1,'yo')
plt.title('A   tale of   2   subplots')
plt.ylabel('Damped oscillation')
#绘制第二个子图
plt.subplot(2,1,2)
plt.plot(x2,y2 ,'r.')
plt.xlabel('time(s)')
plt.ylabel('Undamped')
plt.show()
```

Out[ ]:

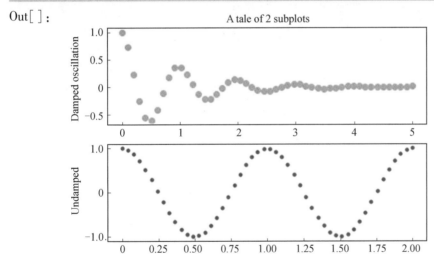

（2）用 plt.subplots( ) 函数。

subplots(m,n) 函数表示将绘图区分成 m 行 n 列个子图,函数值返回绘图区域和子图构成的数组,可以在每个子图上直接绘制图形。

【例 6.5】　用 plt.subplots 绘制下列四个函数:

$$y = x, \quad y = -x, \quad y = x^2, \quad y = \lg x$$

In[ ]:

```
import numpy as np
import matplotlib.pyplot as plt
x = np.arange(1, 100)
```

```
#划分子图
fig,axes=plt.subplots(2,2)
fig.set_facecolor('blue')
fig.set_figheight(8)
fig.set_figwidth(10)
ax1=axes[0,0]
ax2=axes[0,1]
ax3=axes[1,0]
ax4=axes[1,1]
#作图1
ax1.plot(x, x)
#作图2
ax2.plot(x, -x)
#作图3
ax3.plot(x, x ** 2)
ax3.grid(color='r', linestyle='--', linewidth=1,alpha=0.1)
#作图4
ax4.plot(x, np.log(x))
plt.show()
```

Out[ ]:

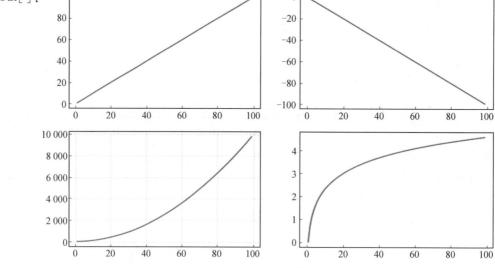

6.2　matplotlib 可视化实例

日常生活中,经常需要借助图形展示数据分析的结果,如对电影数据进行读取后,根据具体需求绘制常用的柱状图、曲线图、饼图、直方图、散点图、双轴图等。由于接下类绘制的图形中需要显示中文,因此需要一些必要的设置,否则图中将显示乱码。

```
In[ ]:
#设置忽略警告信息
import warnings
warnings. filterwarnings('ignore')
#引入包
import pandas as pd
import numpy as np
import matplotlib. pyplot as plt
#设置显示中文字体,设置为黑体
plt. rcParams['font. sans-serif'] = ['SimHei']
#用来正常显示负号
plt. rcParams['axes. unicode_minus'] = False
#读入电影数据
df = pd. read_excel('movie_data3. xlsx')
df[ :5]
```

Out[ ]:

名字	投票人数	类型	产地	上映时间	时长	年代	评分	首映地点
肖申克的救赎	692795	剧情/犯罪	美国	1994-09-10 00:00:00	142.0	1994	9.6	加拿大
控方证人	42995	剧情/悬疑/犯罪	美国	1957-12-17 00:00:00	116.0	1957	9.5	美国
美丽人生	327855	剧情/喜剧/爱情	意大利	1997-12-20 00:00:00	116.0	1997	9.5	意大利
阿甘正传	580897	剧情/爱情	美国	1994-06-23 00:00:00	142.0	1994	9.4	美国

6.2.1　柱状图绘制

柱状图(bar chart)又称条图、条状图、棒形图,是一种以长方形的长度为变量的统计图表。长条图用来比较两个或两个以上的数值(不同时间或者不同条件),只有一个变量,通常用于较小的数据集分析。绘制柱状图的函数是 plt. bar( )。

【例 6.6】　绘制每个国家和地区的电影数量的柱状图。

```
In[ ]:
data = df['产地']. value_counts( )
x = data. indexx
y = data. values
plt. figure(figsize = (10,6)) #定义图片大小
plt. bar(x,y,color = 'g')
plt. title('各国家和地区电影数量',fontsize = 20)
plt. xlabel('国家和地区',fontsize = 17)
plt. ylabel('电影数量',fontsize = 15)
plt. tick_params(labelsize = 14)    #设置坐标轴字体大小
plt. xticks(rotation = 90)#横坐标的标记转 90°
for a,b in zip(x,y):
plt. text(a,b+50,b,ha = 'center',va = 'bottom') #在每个柱子的上方写上数值
plt. show( )
```

Out[ ]:

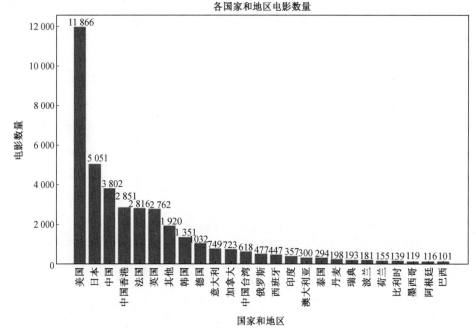

注:zip 函数的原型为 zip([iterable, …])。

功能是从参数的多个迭代器中选取元素组合成一个新的迭代器。顾名思义,它就是一个将对象进行打包和解包的函数。参数 iterable 为可迭代的对象,并且可以有多个参数。该函数返回一个以元组为元素的 zip 可迭代对象,其中第 i 个元组包含每个参数序列的第 i 个元素。返回的对象长度被截断为最短的参数序列的长度。示例如下:

```
a = [1,2,3,4]
b = [5,6,7,8]
ab = zip(a,b)
for (i,j) in ab:
   print(i,j)
```

6.2.2　折线图绘制

曲线图又称折线图,是利用曲线的升、降变化来表示被研究现象发展变化趋势的一种图形。它在分析研究经济现象的发展变化、依存关系等方面具有重要作用。绘制曲线图时,如果是某一现象的时间指标,应将时间绘在坐标的横轴上;如果是两个现象的依存关系的显示,可以将表示原因的指标绘制在横轴上,表示结果的指标绘在纵轴上。同时,还应该注意整个图形的长宽比例。

【例 6.7】　绘制每年上映的电影数量的曲线图。

```
In[]:
data = df['年代'].value_counts()   #结果按照电影数量排序
data = data.sort_index()[:-1]   #按年代排序
x = data.index
y = data.values
plt.plot(x,y,color='b')
plt.title('每年电影数量',fontsize = 15)
plt.ylabel('电影数量',fontsize = 15)
plt.xlabel('年份',fontsize = 15)
for a,b in zip(x[::10],y[::10]):
   plt.text(a,b+50,b,ha='center',va='bottom')   #top
#加注释,xy:注释对象的位置,xytext:注释文字位置
plt.annotate('2012 年达到最大值',xy = (2012,data[2012]),xytext = (2025,2100),
arrowprops = dict(facecolor='black',edgecolor='red'))
#标记特殊点
plt.text(1960,1000,'电影数量开始快速增长')
plt.show()
```

Out[ ]：

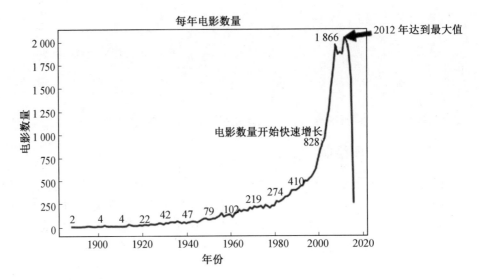

6.2.3　饼图绘制

饼图的英文学名是 sector graph，又名 pie graph，常用于统计学模块。二维的饼图为圆形，仅排列在一列或一行的数据可以绘制到饼图中，用于描述量、频率或百分比之间的相对关系。在饼图中，每个扇区的弧长（以及圆心角和面积）大小为其所表示的数量的比例，这些扇区合在一起刚好是一个完整的圆形。顾名思义，这些扇区拼成了一个切开的饼形图案。

pyplot 中使用 pie( ) 函数来绘制饼图。pie 函数原型如下：

pie(x，explode = None，labels = None，colors = None，autopct = None，pctdistance = 0. 6，shadow = False，labeldistance = 1. 1，startangle = None，radius = None，counterclock = True，wedgeprops = None，textprops = None，center = (0，0)，frame = False，rotatelabels = False，hold = None，data = None)

主要参数说明如下。

(1) x。(每一块) 比例，如果 sum(x)>1，会使用 sum(x) 归一化。

(2) labels。(每一块) 饼图外侧显示的文字说明。

(3) explode。(每一块) 离开中心距离。

(4) startangle。起始绘制角度，默认图是从 x 轴正方向逆时针画起，如设定 = 90，则从 y 轴正方向画起。

(5) shadow。是否有阴影。

(6) Labeldistance。是 label 的绘制位置，相对于半径的比例，如<1，则绘制在饼图内侧。

(7) autopct。控制饼图内百分比设置，可以使用 format 字符串或 format function。

(8) pctdistance。类似于 labeldistance，指定 autopct 的位置刻度。

(9) radius。控制饼图半径。

(10) 返回值。如果没有设置 autopct，则返回(patches，texts)；如果设置 autopct，则返回(patches，texts，autotexts)。

【例 6. 8】　根据电影的长度绘制饼图。

In[ ]：

```
data = pd.cut(df['时长'],[0,60,90,110,1000]).value_counts()
y = data.values
y = y/sum(y)  #归一化,可以不用归一化
plt.figure(figsize = (7,7))
plt.title('电影时长占比',fontsize = 15)
plt.pie(y,labels = data.index,explode = (0,0.1,0,0),autopct = '%.1f%%',
        colors = ['yellowgreen','gold','lightskyblue','lightcoral'],
        shadow = True,startangle = 90)
#plt.legend()
plt.show()
```

Out[ ]:　　　　　　　　　　　电影时长占比

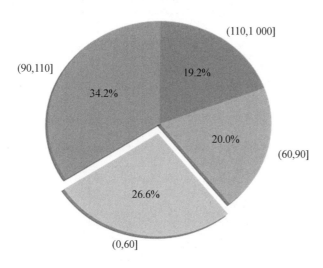

6.2.4　直方图绘制

直方图(histogram)又称质量分布图,是一种统计报告图,由一系列高度不等的纵向条纹或线段表示数据分布的情况。一般用横轴表示数据类型,纵轴表示分布情况。直方图是数值数据分布的精确图形表示。这是一个连续变量的概率分布的估计,被 Karl Pearson 首先引入。为构建直方图,第一步需要将值的范围分段,然后计算每个分段中有多少个值。

直方图也可以被归一化以显示"相对"频率。使用的函数是 plt.hist()。hist()函数的参数非常多,常用的有六个,只有第一个是必须的,其他的是可选的。函数格式如下:

hist(arr,bins,normed,facecolor,edgecolor,alpha,histtype)

参数说明如下。

(1)arr。需要计算直方图的一维数组。

(2)bins。直方图的柱数,可选项,默认为10。

(3)normed。是否将直方图向量归一化,默认为0。

(4)facecolor。直方图的颜色。

（5）edgecolor。直方图的边框颜色。

（6）alpha。透明度。

（7）histtype。直方图的类型，如'bar'、'barstacked'、'step'、'stepfilled'等。

返回值如下。

（1）n。直方图向量，是否归一化由参数 normed 设定。

（2）bins。返回各个 bin 的区间范围。

（3）patches。返回每个 bin 里包含的数据，是一个 list。

【例 6.9】 根据电影的评分绘制频率分布直方图。

```
In[ ]:
plt.figure(figsize=(10,6))
plt.hist(df['评分'],bins=20,edgecolor='k',color='red',alpha=0.5)
plt.show()
```

Out[ ]:

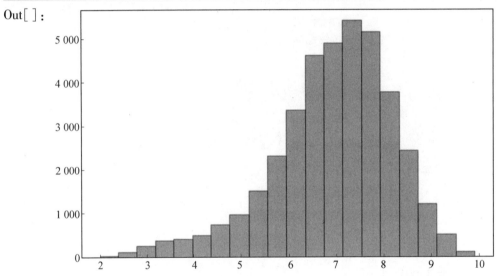

6.2.5　散点图绘制

由两组数据构成多个坐标点，用来判断两变量之间是否存在某种关联或总结坐标点的分布模式。散点图将序列显示为一组点，值由点在图中的位置表示。绘制散点图的函数是 plt. scatter( )，函数的格式如下：

matplotlib. pyplot. scatter(x，y，s = None，marker = None，c = None，cmap = None，norm = None，vmin = None，vmax = None，alpha = None，linewidths = None，verts = None，edgecolors = None，*，data = None，* * kwargs)

主要参数说明如下。

（1）x，y。散点的坐标，数据点的位置。

（2）s = None。散点的大小。

（3）marker = None。散点样式，默认值为实心圆，'o'。

（4）c＝None。散点的颜色，默认为′b′，也就是 blue。

（5）cmap＝None。是指 matplotlib. colors. Colormap，也就是色彩映射表实例或注册的色彩映射表名称，相当于多个调色盘的合集。仅当 c 是浮点数组时才使用 cmap。

（6）norm＝None。如果 c 是浮点数组，则使用范数在 0 ~ 1 的范围内缩放颜色数据 c，以便映射到色彩映射表 cmap。

（7）vmin＝None，vmax＝None。这两个参数与默认规范结合使用，以将颜色数组 c 映射到色彩映射表 cmap。如果为 None，则使用颜色数组的相应最小值和最大值。当给出范数时，不可以使用这两个参数。

（8）alpha＝None。散点透明度（［0，1］之间的数，0 表示完全透明，1 则表示完全不透明）。

（9）linewidths＝None。散点的边缘线宽。

（10）edgecolors＝None。散点的边缘颜色。

【例 6.10】　根据电影时长和电影评分绘制散点图。

```
In[ ]:
x＝df[′时长′][∷100]
y＝df[′评分′][∷100]
plt. figure(figsize＝(10,8))
plt. scatter(x,y,color＝′r′,marker＝′D′) #绘制散点图
plt. legend( )
plt. title(′电影时长与评分散点图′,fontsize＝20)
plt. xlabel(′时长′,fontsize＝18)
plt. ylabel(′评分′,fontsize＝18)
```

Out[ ]:

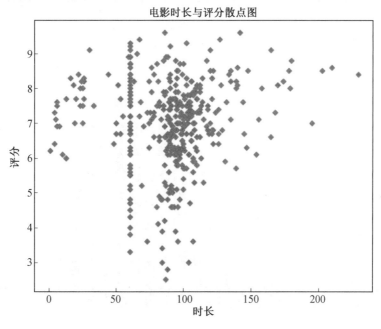

6.2.6   双轴图

双轴图是指有多个(≥2)y 轴的数据图表,多为柱状图+折线图的结合,图表显示更为直观。

(1)双轴图适合于分析两个相差较大的数据。当两个数据相差较大时,容易造成数值较小的数据在图表中显示不清楚,这种情况可以选择用双轴图。

(2)双轴图也适用于不同数据走势、数据同环比分析等场景。

【例 6.11】   根据电影评分绘制电影数量的频率分布图,并添加概率密度曲线。

```
In[ ]:
from scipy. stats import norm #生成概率密度曲线要用到的包
fig = plt. figure(figsize = (10,8))
ax1 = fig. add_subplot(111)
n, bins, patches = ax1. hist(df['评分'], bins = 100, color = 'm')
ax1. set_ylabel('电影数量', fontsize = 15)
ax1. set_xlabel('评分', fontsize = 15)
ax1. set_title('频率分布图', fontsize = 20)
y = norm. pdf(bins, df['评分']. mean(), df['评分']. std())
ax2 = ax1. twinx()
ax2. plot(bins, y, 'b--')
ax2. set_ylabel('概率密度函数', fontsize = 20)
plt. show()
```

Out[ ]:

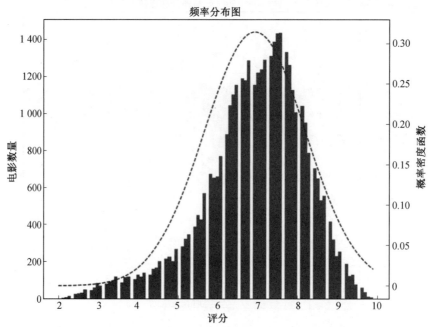

6.2.7 Pandas 绘图

Pandas 的 Series 和 DataFrame 也可以直接绘图。

【例 6.12】 使用 Pandas 绘制曲线。

```
In[ ]:
# Pandas 绘制折线图
import numpy as np
import matplotlib. pyplot as plt
import pandas as pd
ts = pd. Series( np. random. randn( 1000) , index = pd. date_range( '1/1/2000', periods = 1000) )
ts = ts. cumsum( )
ts. plot( )
#多条折线图
df0 = pd. DataFrame( np. random. randn( 1000, 4) ,
                    index = ts. index,
                    columns = list( 'ABCD') )
df0 = df0. cumsum( )
df0. plot( )
print( '数据的前几行:\n ', df0. head( ) )
```

Out[ ]:数据的前几行:

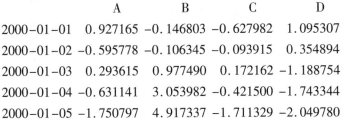

	A	B	C	D
2000-01-01	0.927165	-0.146803	-0.627982	1.095307
2000-01-02	-0.595778	-0.106345	-0.093915	0.354894
2000-01-03	0.293615	0.977490	0.172162	-1.188754
2000-01-04	-0.631141	3.053982	-0.421500	-1.743344
2000-01-05	-1.750797	4.917337	-1.711329	-2.049780

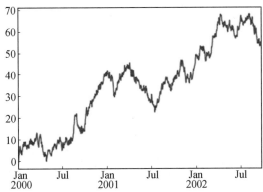

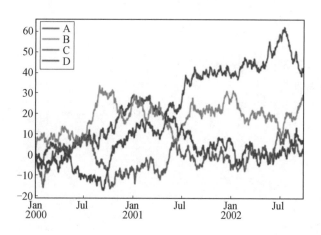

6.3　Seaborn　绘　图

　　Seaborn 是专门的统计数据可视化包,提供了一个更加高级的接口来绘制样式丰富的统计图形。Seaborn 其实是在 matplotlib 的基础上进行了更高级的 API 封装,从而使得作图更加容易,不需要经过大量的调整就能使图形变得更精致。

　　接下来的例子主要使用鸢尾花(Iris)数据集。Iris 数据集是 sklearn 中的一个经典数据集,在统计学习和机器学习领域经常被用作示例。数据集内包含三类共 150 条记录,每类各 50 个数据,每条记录都有四项特征:花萼(sepal)长度、花萼宽度、花瓣(petal)长度、花瓣宽度。可以通过这四个特征预测鸢尾花卉属于(iris-setosa, iris-versicolour, iris-virginica)中的哪一品种。下面的代码用来获取鸢尾花数据:

```
In[ ]:
from sklearn. datasets import load_iris
import numpy as np
iris = load_iris( )
#把数据转化为 Data Frame
from pandas import DataFrame
df = DataFrame( iris. data , columns = iris. feature_names)
df[ 'target'] = iris. target
print( df)
```

Out[ ]:

	sepal length (cm)	sepal width (cm)	petal length (cm)	petal width (cm)	target
0	5.1	3.5	1.4	0.2	0
1	4.9	3.0	1.4	0.2	0
2	4.7	3.2	1.3	0.2	0
3	4.6	3.1	1.5	0.2	0
4	5.0	3.6	1.4	0.2	0
...	...	...	...	...	...
145	6.7	3.0	5.2	2.3	2
146	6.3	2.5	5.0	1.9	2
147	6.5	3.0	5.2	2.0	2
148	6.2	3.4	5.4	2.3	2
149	5.9	3.0	5.1	1.8	2

6.3.1　数据分布可视化

下面简单介绍 seaborn 中的几种数据分布可视化图形的绘制。引入需要的包:

```
import numpy as np
import pandas as pd
from scipy import stats, integrate
import matplotlib. pyplot as plt
% matplotlib inline
#显示高清图片
% config InlineBackend. figure_format = "retina"
import seaborn as sns
sns. set( color_codes = True)
```

1. 分布直方图和密度函数

distplot( )函数默认绘出数据的直方图和和密度估计。

```
In[ ]:
sns. distplot( df[ "petal length (cm)"], bins = 15)
plt. show( )
```

Out[ ]:

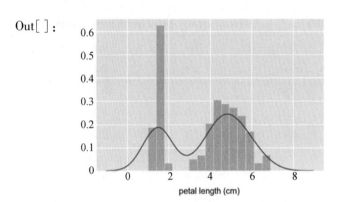

2. 散点图和直方图

使用 seaborn 的 jointplot( ) 函数同时绘制散点图和直方图。

```
In[ ]:
sns.jointplot(x="sepal length（cm）",y="sepal width（cm）",data=df,size=8)
plt.show()
```

Out[ ]:

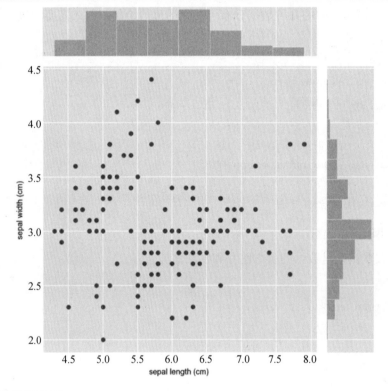

3. 线性相关图

使用 seaborn 的 lmplot( ) 函数可以绘制两个变量的线性相关图,其中 hue 参数的值用于分类。

```
In[ ]:
sns. lmplot(x = "sepal length（cm）",y = "petal length（cm）",data = df,hue = "target")
plt. show( )
```

Out[ ]:

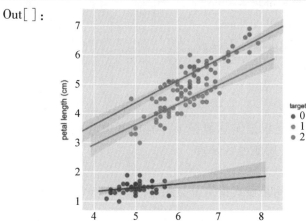

6.3.2　分类数据可视化

1. 箱形图

箱形图又称盒须图、盒式图或箱线图,是一种用作显示一组数据分散情况资料的统计图。它能显示出一组数据的上边缘、下边缘、中位数及上下四分位数,因形状如箱子而得名,在各种领域也经常被使用,常见于品质管理。箱形图说明如图 6.1 所示。

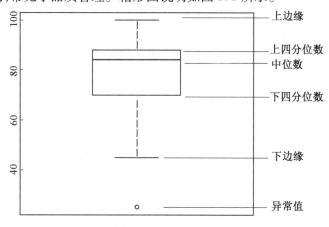

图 6.1　箱形图说明

　　seaborn 中的 boxplot 可以画箱线图,从中可以看出不同种类的分布情况。boxplot 语法如下:

seaborn. boxplot(x = None, y = None, hue = None,

　　　　　　data = None, order = None, hue_order = None,

　　　　　　orient = None, color = None, palette = None,

　　　　　　saturation = 0.75, width = 0.8, dodge = True,

　　　　　　fliersize = 5, linewidth = None, whis = 1.5,

　　　　　　notch = False, ax = None, * * kwargs)

　　主要参数说明如下。

　　(1)x,y,hue。数据字段变量名。作用是根据实际数据,x、y 常用来指定 x、y 轴的分类名称,hue 常用来指定第二次分类的数据类别(用颜色区分)。

　　(2)data。DataFrame,数组或数组列表。

　　(3)order。hue_order,字符串列表。作用是显式指定分类顺序,如 order = [字段变量名 1,字段变量名 2,…]。

　　(4)orient。方向。v 或 h 作用是设置图的绘制方向(垂直或水平)。

　　(5)color。matplotlib 颜色。

　　(6)palette。调色板名称,list 类别或字典。作用是对数据不同分类进行颜色区别。

　　(7)Saturation。饱和度,float 类型的数据。

　　(8)dodge。若设置为 True,则沿着分类轴,将数据分离出来成为不同色调级别的条带;否则,每个级别的点将相互叠加。

　　(9)size。设置标记大小(标记直径,以磅为单位)。

　　(10)edgecolor。设置每个点的周围线条颜色。

　　(11)linewidth。设置构图元素的线宽度。

　　使用 seaborn 中的 boxplot 绘制不同类别的 sepal length 分布情况。

```
In[ ]:
plt. figure(figsize = (8,6))
sns. boxplot(x = "target", y = "sepal length (cm)", data = df)
plt. title("boxplot")
plt. show()
```

Out[ ]：

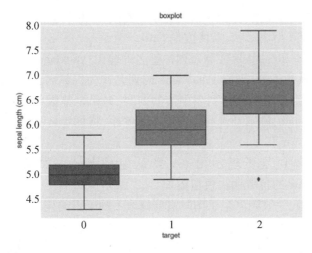

2. 热力图

利用热力图可以看到数据表里多个特征的两两相似度。seaborn. heatmap 函数可以用来绘制热力图。其语法如下：

seaborn. heatmap (data，vmin ＝ None，vmax ＝ None，cmap ＝ None，center ＝ None，robust ＝ False，annot ＝ None，fmt ＝ ′. 2g′，annot_kws ＝ None，linewidths ＝ 0，linecolor ＝ ′white′，cbar ＝ True，cbar_kws ＝ None，cbar_ax ＝ None，square ＝ False，xticklabels ＝ ′auto′，yticklabels ＝ ′auto′，mask ＝ None，ax ＝ None，∗ ∗ kwargs)

主要参数说明如下。

（1）data。矩阵数据集，可以是 NumPy 的数组(array)，也可以是 Pandas 的 DataFrame。如果是 DataFrame，则 df 的 index/column 信息会分别对应到 heatmap 的 columns 和 rows，即 pt. index 是热力图的行标，pt. columns 是热力图的列标。

（2）vmax，vmin。分别是热力图的颜色取值最大和最小范围，默认是根据 data 数据表里的取值确定。

（3）cmap。从数字到色彩空间的映射，取值是 matplotlib 包里的 colormap 名称或颜色对象，或表示颜色的列表。改参数默认值，根据 center 参数设定。

（4）center。当数据表取值有差异时，设置热力图的色彩中心对齐值。通过设置 center 值，可以调整生成的图像颜色的整体深浅。在设置 center 数据时，如果有数据溢出，则手动设置的 vmax、vmin 会自动改变。

（5）robust。默认取值 False。如果是 False，且没有设定 vmin 和 vmax 的值，则热力图的颜色映射范围根据具有鲁棒性的分位数设定，而不是用极值设定。

（6）annot。默认取值 None。如果是 True，则在热力图每个方格写入数据。

（7）fmt。字符串格式代码，矩阵上标识数字的数据格式，如保留小数点后几位数字。

（8）annot_kws。如果 annot 是 True，则设置热力图矩阵上数字的大小、颜色和字体。

（9）linewidths。定义热力图里"表示两两特征关系的矩阵小块"之间的间隔大小。

（10）linecolor。切分热力图上每个矩阵小块的线的颜色，默认值是′white′。

（11）cbar。是否在热力图侧边绘制颜色刻度条，默认值是 True。

（12）cbar_kws。热力图侧边绘制颜色刻度条时，相关字体设置，默认值是 None。

（13）cbar_ax。热力图侧边绘制颜色刻度条时,刻度条位置设置,默认值是 None。

（14）square。设置热力图矩阵小块形状,默认值是 False。

（15）xticklabels, yticklabels。xticklabels 控制每列标签名的输出;yticklabels 控制每行标签名的输出。默认值是 auto。如果是 True,则以 DataFrame 的列名作为标签名;如果是 False,则不添加行标签名。如果是列表,则标签名改为列表中给的内容;如果是整数 K,则在图上每隔 K 个标签进行一次标注;如果是 auto,则自动选择标签的标注间距,将标签名不重叠的部分(或全部)输出。

（16）mask。控制某个矩阵块是否显示出来。默认值是 None。如果是布尔型的 DataFrame,则将 DataFrame 中 True 的位置用白色覆盖掉。

（17）ax。设置作图的坐标轴,一般画多个子图时需要修改不同子图的该值。

（18）＊＊kwargs。所有其他参数将被传给 ax.pcolormesh 用于绘制子图。

【例6.14】 利用 Seaborn 中的 heatmap 函数绘制鸢尾花数据的变量相似度情况。

```
import numpy as np
newdata = df
datacor = np.corrcoef(newdata, rowvar = 0)    # rowvar = 0 表示每列为一个特征
datacor = pd.DataFrame(data = datacor, columns = newdata.columns, index = newdata.columns)
datacor
```

Out[ ]:

	sepal length (cm)	sepal width (cm)	petal length (cm)	petal width (cm)	target
sepal length (cm)	1.000000	-0.109369	0.871754	0.817954	0.782561
sepal width (cm)	-0.109369	1.000000	-0.420516	-0.356544	-0.419446
petal length (cm)	0.871754	-0.420516	1.000000	0.962757	0.949043
petal width (cm)	0.817954	-0.356544	0.962757	1.000000	0.956464
target	0.782561	-0.419446	0.949043	0.956464	1.000000

```
mask = np.zeros_like(datacor)    #生成全 0 矩阵
mask[np.triu_indices_from(mask)] = True    #取上三角矩阵并设置为 1
plt.figure(figsize = (8,8))
with sns.axes_style("white"):    #设置外观的主题 axes_style() 和 set_style() 控制外观
    #有五个预设的 seaborn 主题:暗网格(darkgrid)、白网格(whitegrid)、全黑(dark)、全白(white)、全刻度(ticks)
    ax = sns.heatmap(datacor, mask = mask, square = True, annot = True)
ax.set_title("Iris data Variables Relation")
plt.show()
```

Out[ ]：

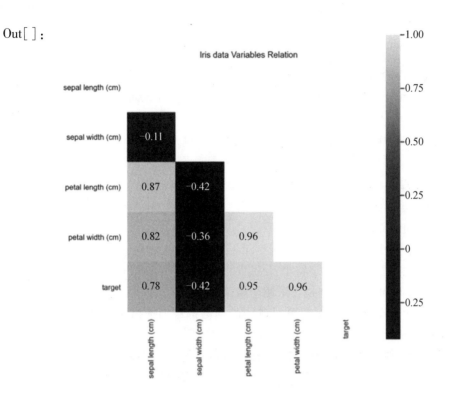

6.4　中文分词及词云图

中文分词(Chinese Word Segmentation)是指将一个汉字序列切分成一个一个单独的词,即将连续的字序列按照一定的规范重新组合成词序列的过程。在英文的行文中,单词之间是以空格作为自然分隔符的,中文只是字、句和段能通过明显的分隔符来简单划分,而词没有一个形式上的分隔符,因此需要采取一定的技术将中文词语一个个的提取出来。"词云"是对一段文本中出现频率较高的"关键词"予以视觉上的突出,形成"关键词云层"或"关键词渲染",从而过略掉大量的文本信息,使人只要看一眼词云图像,就可以领略文本的主旨。

目前利用 Python 进行中文分词最好的分析包是 jieba,生成词云图使用较多的分析包是wordcloud。要绘制目标文本的词云图,首先需要对其进行分词,然后将分词结果作为参数传递给 wordcloud,或将词频的统计结果作为参数传递给 wordcloud 来生成词云。

首先需要安装以下两个包:

```
pip install jieba
pip install wordcloud
```

注:如果安装不上或较慢,可以尝试用下列命令:
pip install −i https：//pypi. doubanio. com/simple/ 包名
例如:

```
pip install −i https：//pypi. doubanio. com/simple/ jieba
```

6.4.1　中文分词

jieba 中文分词组件的特点是支持三种分词模式：精确模式、全模式和搜索引擎模式。同时，还支持繁体字的分词，并且支持自定义词典。使用 jieba 进行分词时，常用的函数有两个，分别是 cut( ) 和 cut_for_search( )，二者所返回的结构都是一个可迭代的 generator，可使用 for 循环来获得分词后得到的每一个词语，或直接使用 jieba. lcut 及 jieba. lcut_for_search 直接返回 list。

1. jieba. cut( ) 函数

jieba. cut 函数的基本命令格式如下：

jieba. cut(s, cut_all = False, HMM = True)

该函数接收以下三个输入参数。

（1）第一个参数 s 为需要分词的字符串；

（2）第二个参数 cut_all 用来控制是否采用全模式。

cut_all = True 为全模式，句子中所有可以成词的词语都被扫描出来，速度非常快，但是不能解决歧义，且存在一些冗余数据。

cut_all = False 是精确模式，试图将句子最精确地切开，适合文本分析。

（3）第三个参数 HMM 表示是否使用隐马尔可夫模型，使用隐马尔可夫模型可以大大提高新词的辨别能力。

【例 6.15】　全模式分词示例。

```
In[ ]: import jieba
       seg_list = jieba. cut( "华为公司是中国人的骄傲", cut_all = True)
       seg_list
```

Out[ ]:<generator object Tokenizer. cut at 0x0000018F76276C78>

```
In[ ]: print( "全模式:", "". join( seg_list))
```

Out[ ]:全模式：华为 华为公司 公司 是 中国 国人 的 骄傲

【例 6.16】　精确模式分词。

```
In[ ]: seg_list = jieba. cut( "华为公司是中国人的骄傲", cut_all = False)
       print( "缺省模式:", "/". join( seg_list))
```

Out[ ]:缺省模式:华为公司/是/中国/人/的/骄傲

2. cut_for_search( ) 函数

jieba. cut_for_search 函数的命令如下：

jieba. cut_for_search(s)

参数 s 是指需要被分词的字符串。

该函数在精确模式的基础上对长词再次切分，粒度较细，能有效提高召回率，适合用于搜索引擎分词。

【例 6.17】 搜索引擎模式分词。

```
In[ ]:
seg_list=jieba.cut_for_search("华为公司是中国人的骄傲")#搜索引擎模式
print(",".join(seg_list))
```

Out[ ]:华为,公司,华为公司,是,中国,人,的,骄傲

3.分词字典

jieba 虽然有自己的词典,但有些情况下,自带词典不能包括某些特定的专有名词,如人名、地名等,而它们是不可分的,这时可以指定自定义的词典,以便包含 jieba 词库里没有的词。虽然 jieba 有新词识别能力,但是自行添加新词可以保证更高的正确率。

使用自定义词典的命令格式如下:

jieba.load_userdict(file_name)

其中,file_name 为文件类对象或自定义词典的路径。若为路径,则文件必须为 utf-8 编码。

词典格式是一个词占一行,每一行分为词语、词频(可省略)、词性(可省略)三部分,用空格隔开,顺序不可颠倒。词频是一个数字。词性是一个字母或多个字母组合,代表不同的词性,如 n 代表名次,nr 代表人名,ns 代表地名,m 代表数词,a 代表形容词等(可通过查看 jieba 下的词典 dict.txt 来了解更多)。词频数字和空格都是半角的,如分词字典(user_dict.txt)的内容如下:

王晓华 3
万达影院 3
八角笼中 3

【例 6.18】 使用自定义词典的分词结果对比。

```
#不使用自定义词典的分词结果
In[ ]: txt='王晓华到万达影院看了王宝强导演的电影八角笼中'
    print(','.join(jieba.cut(txt)))
```

Out[ ]:王晓华到,万达,影院,看,了,王宝强,导演,的,电影,八角,笼中

```
#使用自定义词典(user_dict)的分词结果
In [ ]:
jieba.load_userdict('user_dict.txt')
print(','.join(jieba.cut(txt)))
```

Out[ ]:王晓华,到,万达影院,看,了,王宝强,导演,的,电影,八角笼中

通过比较可以看出,使用用户字典后分词的准确性大大提高。

4.词频

在一份给定的文件中,词频(term frequency,TF)是指某一个给定的词语在该文件中出现的次数。这个次数通常会被正规化,以防止它偏向长文件(同一个词语在长文件里可能会比短文件有更高的词频,而不管该词语重要与否)。

【例 6.19】 词频统计示例。

```
In[ ]:
import jieba
from collections import Counter
content = open(r'news. txt', encoding = 'utf-8'). read( )
con_words = [x for x in jieba. cut(content) if len(x)>=2]
Counter(con_words). most_common(10)
```

```
Out[ ]:    [('中国', 6),
            ('芯片', 6),
            ('政策', 4),
            ('美国', 4),
            ('政府', 2),
            ('打算', 2),
            ('延长', 2),
            ('豁免', 2),
            ('韩国', 2)]
```

6.4.2　生成文本词云图

词云是将感兴趣的词语放在一幅图像中,可以控制词语的位置、大小、字体等。通常使用字体的大小来反应词语出现的频率,出现的频率越高,在词云中词的字体越大。

【例 6.20】 对给定的字符串绘制词云图。

首先对字符串进行分词,将分词结果传给 WordCloud( ). generate( )方法即可生成词云图。

```
In[ ]:
import jieba
from wordcloud import WordCloud
import matplotlib. pyplot as plt

sen = "随着人们精神素养进步和互联网的发展,音乐作为人们情感的语言和互联网相结合,
形成了网络音乐,借助互联网提供的多个平等交互的平台,网络音乐发展越来越迅猛。网络
音乐有多种多样的应用方式,不仅可以使用客户端播放,也可以在 Web 端带给用户更加轻
松便捷的体验感。网络音乐基于互联网传播的特性,具有门槛极低、传播率远高于其他传统
媒体的特点。网络音乐的另一大好处是可以及时反馈,在用户上传自创音乐时,可以与其他
音乐爱好者进行交流,得到及时的反馈,人们也可以在喜欢的音乐下进行评论、交流,寻找到
共同爱好者,构建一个社交平台。但现在网络上音乐软件参差不齐,软件体验极差,构建一
个在线网络音乐网站势在必行,对于网络音乐的发展有极大的帮助。"

word_list = "". join(jieba. cut(sen))
word_list
```

Out[ ]: '随着 人们 精神 素养 进步 和 互联网 的 发展 , 音乐 作为 人们 情感 的 语言 和 互联 网 相结合 , 形成 了 网络 音乐 , 借助 互联网 提供 的 多个 平等 交互 的 平台 , 网络 音乐 发展 越来越 迅猛 。网络 音乐 有 多种多样 的 应用 方式 , 不仅　可以 使用 客 户端 播放 , 也 可以 在 Web 端 带给 用户 更加 轻松 便捷 的 体验 感 。网络 音乐 基 于 互联网 传播 的 特　性 , 具有 门槛 极低 、传播 率 远高于 其他 传统 媒体 的 特点 。网络 音乐 的 另 一大 好处 是 可以 及时 反馈 , 在 用户 上　传 自创 音乐 时 , 可 以 与 其他 音乐 爱好者 进行 交流 , 得到 及时 的 反馈 , 人们 也 可以 在 喜欢 的 音 乐 下 进行 评论 、　交流 , 寻找 到 共同 爱好者 , 构建 一个 社交 平台 。但 现在 网 络 上 音乐 软件 参差不齐 , 软件 体验 极差 , 构建 一个　在线 网络 音乐网站 势在 必行 , 对于 网络 音乐 的 发展 有 极大 的 帮助 。'

```
In[ ]:
wordcloud = WordCloud ( font_path = 'Microsoft YaHei Bold. ttf', background_color = " red" ).
        generate( word_list)
plt. imshow( wordcloud)
plt. axis( " off" )
plt. show( )
```

Out[ ]:

上面的例子是根据文本生成词云的,也可以根据词频生成词云。例如,对分词后的结果用包 collections 中的 Counter 类统计词频,并将结果送至 Word_Cloud( ). fit_words( )方法来构造词云。

```
In[ ]:
from collections import Counter
tt = [ x for x in jieba. cut( sen) if len( x) >=2 ]
fre = Counter( tt)
wc = WordCloud( font_path = 'Microsoft YaHei Bold. ttf', background_color = " white" ). fit_words
( fre)
plt. imshow( wc)
plt. axis( 'off')
plt. show( )
```

Out[ ]:

【例 6.21】 对"电影数据"文件中的名字列绘制词云图。首先对名字列进行预处理,删除其中的缺失值,然后对名字列的每部电影名字进行分词(这里保留了分词后长度大于 2 的词语),再用空格连接分词后的所有词语,形成一个总的字符串用于构造词云。

```
In[ ]:
import jieba
from wordcloud import WordCloud
import matplotlib. pyplot as plt
import pandas as pd
df = pd. read_excel("电影数据. xlsx")
df. dropna(subset = ['名字'], inplace = True)
word_list = [" ". join(x for x in jieba. cut(sentence, cut_all = False) if len(x) >= 2) for sentence
in df. 名字]
new_text = ' '. join(word_list)
wordcloud = WordCloud(font_path = 'Microsoft YaHei Bold. ttf', background_color = "white")
. generate(new_text)
plt. imshow(wordcloud)
plt. axis("off")
plt. show( )
```

6.5　图像处理简介

6.5.1　PIL 图库

PIL(Python image library)是 Python 中处理图像的标准库,功能强大,API 简单易用。PIL 仅支持到 Python 2.7,Python 3.x 的兼容版本名为 Pillow,即安装 Pillow,就可以使用 PIL。

【例 6.22】　图像读取及旋转示例。

```
In[ ]:
from PIL import Image#读取图片文件
pil_im=Image. open(r'boy. jpg')
##读取图片并将其转化为灰度图
pil_im=Image. open(r'boy. jpg'). convert ('L')
#使用 crop( )方法可以从一幅图像中裁剪指定的区域
from PIL import Image
pil_im=Image. open(r'boy. jpg')
box=(10 , 20 , 40 , 60 )
region=pil_im. crop (box)region
#使用 transpose( )方法可以使图像旋转一定的角度
region=region. transpose( Image. ROTATE_90 )
#调整尺寸
out=pil_im. resize((128,128))
##旋转图像
out=out. rotate(45)
```

【例 6.23】　图像增强示例。

```
In[ ]:
from PIL import Image
from PIL import ImageEnhance
#原始图像
image = Image. open('lena. jpg')
image. show( )
#亮度增强
enh_bri = ImageEnhance. Brightness(image)
brightness = 1. 5
image_brightened = enh_bri. enhance(brightness)
image_brightened. show( )
```

```
#色度增强
enh_col = ImageEnhance. Color(image)
color = 1. 5
image_colored = enh_col. enhance(color)
image_colored. show()
#对比度增强
enh_con = ImageEnhance. Contrast(image)
contrast = 1. 5
image_contrasted = enh_con. enhance(contrast)
image_contrasted. show()
#锐度增强
enh_sha = ImageEnhance. Sharpness(image)
sharpness = 3. 0
image_sharped = enh_sha. enhance(sharpness)
image_sharped. show()
```

【例 6.24】　图像滤镜示例。

```
In[ ]:
from PIL import Image, ImageFilter
im = Image. open('boy. jpg')
im. show()
#浮雕
im. filter(ImageFilter. EMBOSS)
#高斯模糊
im. filter(ImageFilter. GaussianBlur)
#普通模糊
im. filter(ImageFilter. BLUR)
#边缘增强
im. filter(ImageFilter. EDGE_ENHANCE)
#找到边缘
im. filter(ImageFilter. FIND_EDGES)
#轮廓
im. filter(ImageFilter. CONTOUR)
#锐化
im. filter(ImageFilter. SHARPEN)
#平滑
```

```
im. filter(ImageFilter. SMOOTH)
#细节
im. filter(ImageFilter. DETAIL)
```

【例 6.25】　图像截屏示例。

```
In[ ]:
from PIL import ImageGrab
im = ImageGrab. grab((0,0,800,200)) #截取屏幕指定区域的图像
im = ImageGrab. grab() #不带参数表示全屏幕截图
```

6.5.2　OpenCV 图库

OpenCV 是一个用于图像处理、分析、机器视觉方面的开源函数库。无论是做科学研究，还是商业应用，OpenCV 都是一个理想的工具库，且是开源免费的。该库采用 C 及 C++语言编写，能够在 Windows、Linux、Mac OSX 系统上面执行。该库的全部代码都经过了优化，计算效率非常高，在多核机器上，其执行速度会更快。

OpenCV 提供了超过 500 个接口函数，涵盖计算机视觉和机器学习方面，在入侵检测、特定目标跟踪、目标检测、人脸检测、人脸识别、人脸跟踪等领域，OpenCV 均可大显身手，所开发的产品可用于产品检测、医学图像处理、安防、用户界面、摄像头标定、三维成像、机器视觉等领域。

现在，来自世界各地的各大公司、科研机构的研究人员共同维护支持着 OpenCV 开源库的开发。这些公司和机构包括微软、IBM、索尼、西门子、Google、Intel、斯坦福、MIT 和剑桥等。

使用前首先安装 OpenCV，进入 Anaconda Prompt，并输入以下内容：

```
pip install -ihttps://pypi. doubanio. com/simple/ opencv-python
```

1. 读取和写入图像

【例 6.26】　用 OpenCV 读写图像示例。

```
In[ ]:
import cv2
import matplotlib. pyplot as plt
im=cv2. imread(r'boy. jpg') #返回一个标准的三维 NumPy 数组,im. shape 结果为
                          #(宽,高,颜色通道数),宽和高为像素的个数
plt. subplot(111)
plt. imshow(im)
plt. title('picture')
plt. show()
```

Out［］：

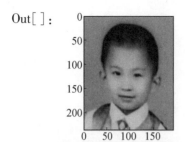

In［］：

cv2. imwrite（r′boy1. jpg′,im） #将根据文件后缀自动转换图像

2.颜色空间

在 OpenCV 中,图像不是按传统的 RGB 颜色通道存储的,而是按 BGR 顺序存储的。颜色空间的转换可以用函数 cvtColor（）实现。例如,可以通过下面的方式将原图像转换成灰度图像。

【例 6.27】 颜色空间转换示例。

In［］：

```
import matplotlib. pyplot as plt
import cv2
##读取图像
im＝cv2. imread（r′boy. jpg′）
rgb＝cv2. cvtColor（im,cv2. COLOR_BGR2RGB）#颜色转换代码,灰度图像只有一个通道,
                                            RGB 和 BGR 有三个通道
plt. rcParams［′font. sans-serif′］＝［′SimHei′］    #用来正常显示中文标签,设置为黑体
plt. figure（figsize＝（12,6））
plt. subplot（1,2,1）
plt. imshow（rgb）
plt. title（′RGB 图像′）
plt. subplot（1,2,2）
plt. imshow（im）
plt. title（′BGR 图像′）
plt. show（）
```

Out[ ]:

3. 应用示例

【例 6.28】 用 OpenCV 交互式显示图片示例。

```
In [ ]:
import cv2
img = cv2.imread("./boy.jpg", cv2.IMREAD_COLOR)
cv2.namedWindow("Image")
cv2.imshow("Image", img)
print("save press s, exit press esc")
key = cv2.waitKey(0)
if key == 27:
cv2.destroyAllWindows()
elif key == ord('s'):
    cv2.imwrite("d:\\write.png", img)
    cv2.destroyAllWindows()
```

【例 6.29】 用 OpenCV 在图像上绘图示例。

```
In [ ]:
import numpy
import cv2
# Create a black image
img = numpy.zeros((512,512,3), numpy.uint8)
# Draw a diagonal blue line with thickness of 5 px
cv2.line(img,(0,0),(511,511),(255,0,0),5)
# draw a rectangle
cv2.rectangle(img,(384,0),(510,128),(0,255,0),3)
```

```
# draw a circle
cv2. circle( img,( 447,63), 63, ( 0,0,255), −1)
# add text
font = cv2. FONT_HERSHEY_SIMPLEX
cv2. putText( img,'Meng', ( 10,500), font, 4, ( 255,255,255), 2)
cv2. imshow( "Image", img)
key = cv2. waitKey ( 0)
cv2. destroyAllWindows( )
```

Out[ ]:

【例 6.30】 用 OpenCV 图库进行人脸检测示例。本例使用了开源计算机人脸识别模型库 haarcascade_frontalface_default. xml 和 haarcascade_eye. xml。给定一张人脸图像,可以对脸部和眼睛部位进行标记。

```
In [ ]:
import numpy
import cv2
#调入脸部模型
face_cascade = cv2. CascadeClassifier( "haarcascade_frontalface_default. xml")
#调入眼睛模型
eye_cascade = cv2. CascadeClassifier('haarcascade_eye. xml')
#调入检测图片
img = cv2. imread( "boy. jpg")
gray = cv2. cvtColor( img, cv2. COLOR_BGR2GRAY)
```

```
#检测脸部
faces = face_cascade.detectMultiScale(gray, 1.3, 5)
for (x,y,w,h) in faces:
    #画脸部检测框
    cv2.rectangle(img,(x,y),(x+w,y+h),(255,0,0),2)
    roi_gray = gray[y:y+h, x:x+w]
roi_color = img[y:y+h, x:x+w]
#检测眼睛
    eyes = eye_cascade.detectMultiScale(roi_gray)
for (ex,ey,ew,eh) in eyes:
    #画眼睛检测框
        cv2.rectangle(roi_color,(ex,ey),(ex+ew,ey+eh),(0,255,0),2)
cv2.imshow('img',img)
cv2.waitKey(0)
cv2.destroyAllWindows()
```

Out[ ]: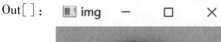

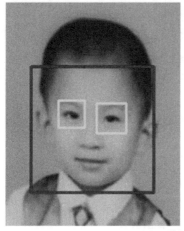

本 章 小 结

　　本章主要介绍了在 Python 中以图形图像的方式展示数据的方法。借助图形库 matplotlib 和 seaborn 可以绘制绝大部分常见图幅,包括基本的柱状图、折线图、饼图、直方图、散点图及双轴图等,也可以绘制复杂的箱线图、热力图等图幅,同时也介绍了 Pandas 中 Series 和 DataFrame 的绘图功能。由于词云图是目前网络上用于凸显信息的常用工具,因此本章也介绍了词云图的绘制方法。对于给定的文本,可以利用 jieba 进行中文分词,进而使用 WordCloud 生成词云图,同时介绍了用 Counter 类统计词频的方法。本章最后介绍了常用的图像库 Pillow 和 OpenCV,通过简单的示例展示了两大图像库的使用方法。

课 后 习 题

一、选择题

1. 使用(   )函数可以给坐标系增加横轴标签。

A. plt. label(y," 标签")　　　　　　　　B. plt. label(x," 标签")

C. plt. xlabel("标签")　　　　　　　　D. plt. ylabel("标签")

2. 使用(   )函数可以给整个坐标系增加标题。

A. plt. text( )　　　　　　　　　　　B. plt. label( )

C. plt. title( )　　　　　　　　　　　D. plt. annotate( )

3. plt. text( )函数的作用是(   )。

A. 给坐标轴增加题注　　　　　　　　B. 给坐标系增加标题

C. 给坐标轴增加文本标签　　　　　　D. 在任意位置增加文本

4. 绘制饼图使用 plt. (   )函数。

A. bar( )　　　　　　　　　　　　　B. pie( )

C. hist( )　　　　　　　　　　　　　D. plot( )

5. 绘制直方图使用 plt. (   )函数。

A. bar( )　　　　　　　　　　　　　B. plot( )

C. hist( )　　　　　　　　　　　　　D. scatter( )

6. 补充下列代码,绘制一条黑色的点划线,横线处应填入(   )。

```
import matplotlib. pyplot as plt
import numpy as np
a = np. arange( 10)
plt. plot( a, a * 1. 5, _____ )
plt. show( )
```

A. 'bo'　　　　　　　　　　　　　　B. 'b-. '

C. 'ko'　　　　　　　　　　　　　　D. 'k-. '

7. 补充下列代码,完成对句子的精确分词,横线处应填入(   )。

```
import jieba
seg_list = _____ ( '中华人民共和国欢迎您', _____ )
```

A. jieba. cut_by;cut_all = False

B. jieba. cut;cut_all = True

C. jieba. cut_by;cut_all = True

D. jieba. cut;cut_all = False

二、操作实践

已知某口井的生产数据示例如图 6.2 所示,存放文件为 data. xlsx。图中三列分别代表的含义是日期(RQ)、日产水量(RCSL)和日产气量(RCQL)。请用 Python 语言编程绘制图 6.2

所示的单井综合开采曲线(要求:日产水量用蓝色,日产气量用红色,隔两个点加一个数据标记)。

RQ	RCSL	RCQL
2020-06-02	2.35	2.99
2020-06-03	2.42	3.01
2020-06-04	2.39	3.05
2020-06-05	2.43	3.14
2020-06-06	2.41	3.08
2020-06-07	2.06	3.60
2020-06-08	1.49	3.02
2020-06-09	1.54	3.05
2020-06-10	2.13	3.02
2020-06-11	1.78	3.08
2020-06-12	1.80	3.00
2020-06-13	1.78	2.54
2020-06-14	1.74	2.52
2020-06-15	1.63	2.24
2020-06-16	1.61	2.61
2020-06-17	1.28	2.19
2020-06-18	1.58	2.59
2020-06-19	0.69	0.90

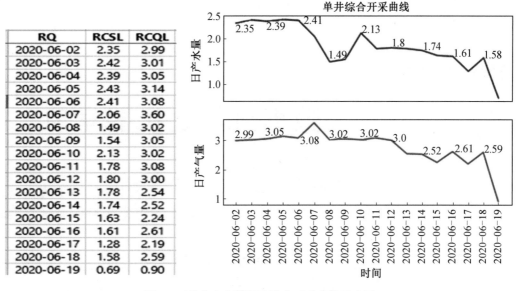

图 6.2　单井生产数据及综合开采曲线示意图

第7章

▶▶▶▶▶

数据分析之机器学习

本章主要介绍数据分析中常用的部分机器学习算法。首先介绍机器学习的基本概念,然后介绍线性回归算法、支持向量机(SVM)算法、K 近邻(KNN)分类算法、KMeans 聚类算法等。

7.1 机器学习基本概念

机器学习(machine learning,ML)根据已知数据来不断学习和积累经验,然后总结出规律并尝试预测未知数据的属性,是一门综合性非常强的多领域交叉学科,涉及线性代数、概率论、逼近论、凸分析、算法复杂度理论等多门学科,是人工智能的核心。目前,机器学习已经有了十分广泛的应用,如数据挖掘、计算机视觉、自然语言处理、生物特征识别、搜索引擎、医学诊断、检测信用卡欺诈、证券市场分析、DNA 序列测序、语音和手写识别、推荐系统、战略游戏和机器人运用等。

机器学习算法主要分为有监督学习和无监督学习。在有监督学习中,所有数据带有额外的属性(如每个样本所属的类别)必须同时包含输入和预期输出(也就是特征和目标),通过大量已知的数据不断训练和减少错误来提高认知能力,最后根据积累的经验去预测未知数据的属性。分类和回归属于经典的有监督学习算法。在分类算法中,样本属于两个或多个离散的类别之一,根据已贴标签的样本来学习如何预测未贴标签样本所属的类别。如果预期的输出是一个或多个连续变量,则分类问题变为回归问题。在无监督学习算法中,每个样本都没有预期的标签或理想值,这类算法的目标可能是发现原始数据中相似样本的组合(称为聚类),或确定数据的分布(称为密度估计),或把数据从高维空间投影到低维空间(称为降维)以便进行可视化。而半监督学习是指在训练模型时,可能只有部分训练数据带有标签或理想值。在半监督学习中,一般给没有标签的样本统一设置标签为-1。

(1)样本(sample)。

样本通常用来表示单个特征向量,其中每个分量表示样本的一个特征,这些特征组成的特征向量应该能够准确地描述一个样本并能够很好地区别于其他样本。

(2)特征(feature)和特征向量(feature vector)。

抽象地讲,特征是用来把一个样本对象映射到一个数字或类别的函数,也常用来表示这些数字或类别(即一个样本若干特征组成的特征向量中的每个分量)。特征和特征向量示意图如图 7.1 所示。在数据矩阵中,特征表示为列,每列包含把一个特征函数应用到一组样本上的结果；每行表示一个样本若干特征组成的特征向量，每行描述了一个样本的信息。

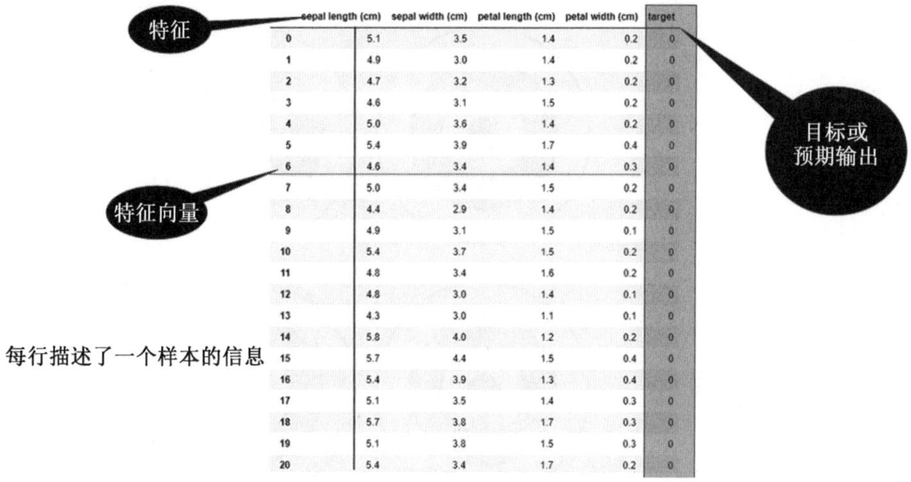

	sepal length (cm)	sepal width (cm)	petal length (cm)	petal width (cm)	target
0	5.1	3.5	1.4	0.2	0
1	4.9	3.0	1.4	0.2	0
2	4.7	3.2	1.3	0.2	0
3	4.6	3.1	1.5	0.2	0
4	5.0	3.6	1.4	0.2	0
5	5.4	3.9	1.7	0.4	0
6	4.6	3.4	1.4	0.3	0
7	5.0	3.4	1.5	0.2	0
8	4.4	2.9	1.4	0.2	0
9	4.9	3.1	1.5	0.1	0
10	5.4	3.7	1.5	0.2	0
11	4.8	3.4	1.6	0.2	0
12	4.8	3.0	1.4	0.1	0
13	4.3	3.0	1.1	0.1	0
14	5.8	4.0	1.2	0.2	0
15	5.7	4.4	1.5	0.4	0
16	5.4	3.9	1.3	0.4	0
17	5.1	3.5	1.4	0.3	0
18	5.7	3.8	1.7	0.3	0
19	5.1	3.8	1.5	0.3	0
20	5.4	3.4	1.7	0.2	0

图 7.1　特征和特征向量示意图

(3)偏差(bias)和方差(variance)。

在估计学习算法性能的过程中，对于预测误差，关注偏差和方差。偏差(又称离差)描述算法的期望预测结果与真实结果的偏离程度，反应了模型的拟合能力。在使用中往往使用偏差的平方，计算公式为

$$\text{bias}^2(x)=(\bar{f}(x)-y)^2 \tag{7.1}$$

式中，$\bar{f}(x)$表示模型的期望预测结果；y 表示真实结果。

方差用来描述数据的离散程度或波动程度，比较分散的数据集方差大，而相对集中的数据集方差小。计算公式为

$$\text{var}(x)=E_{\text{D}}\left[f(x;D)-\bar{f}(x))^2\right] \tag{7.2}$$

式中，$f(x;D)$表示在训练集 D 上得到的模型 f 在 x 上的预测输出；$\bar{f}(x)$表示在训练集 D 上得到的模型 f 在 x 上预测输出的期望值。

在机器学习中，方差可以用来描述模型的稳定性，过于依赖数据集的模型方差大，对数据集依赖性不强的模型方差小。理想的模型应该方差和偏差都很小。

方差与偏差示意图如图 7.2 所示。作为一个简单的类比，在打靶时，如果连续十发子弹的中靶位置比较集中但距离靶心较远，则属于方差小而偏差大；如果连续十发子弹的中靶位置比较分散但都围绕在靶心周围，则属于偏差小而方差大。理想中的情况应该是，连续十发子弹的中靶位置非常集中且距离靶心非常近，也就是方差和偏差都很小。

(4)拟合(fit)。

拟合泛指一类数据处理的方式，包括回归、插值、逼近。简单地说，对于平面上若干已知点，拟合是构造一条光滑曲线，使得该曲线与这些点的分布最接近，曲线在整体上靠近这些点，使得某种意义下的误差最小。

(5)过拟合(overfit)。

当模型设计过于复杂时，在拟合过程中过度考虑数据中的细节，甚至使用了过多的噪声，使得模型过分依赖训练数据(具有较高的方差和较低的偏差)，导致新数据集上的表现很差，

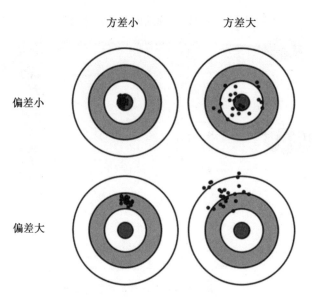

图 7.2   方差与偏差示意图

这种情况称为过拟合。可以通过增加样本数量、简化模型、对数据进行降维减少使用的特征、早停、正则化或其他方法避免过拟合问题。

(6)欠拟合(underfit)。

过于关注数据会导致过拟合,而忽略数据时容易导致欠拟合。模型过于简单、不够复杂,没有充分考虑数据集中的特征,导致拟合能力不强,模型在训练数据和测试数据上的表现都很差,这种情况称为欠拟合。

(7)损失函数(loss function)。

损失函数是用来计算单个样本的预测结果与实际值之间误差的函数,即损失函数是定义在单个样本上的,计算的是一个样本的误差。

(8)代价函数(cost function)。

代价函数是用来计算整个训练集上所有样本的预测结果与实际值之间误差平均值的函数,值越小,表示模型的鲁棒性越好,预测结果越准确。代价函数是定义在整个训练集上的,是所有样本误差的平均,也就是损失函数的平均。某些情况下,人们将损失函数和代价函数不做细分,也就是认为二者是等同的。

(9)目标函数(object function)。

最终需要优化的函数等于经验风险和结构风险,也就是损失函数与正则化项之和。例如,已知三个函数 f_1、f_2 和 f_3,其定义为

$$f_1(x) = \theta_0 + \theta_1 x \tag{7.3}$$

$$f_2(x) = \theta_0 + \theta_1 x + \theta_2 x^2 \tag{7.4}$$

$$f_3(x) = \theta_0 + \theta_1 x + \theta_2 x^2 + \theta_3 x^3 + \theta_4 x^4 \tag{7.5}$$

现在用这三个函数来拟合相同的五个点(横轴代表时间,纵轴代表产量),三个函数对同一组点的拟合示意图如图 7.3 所示,拟合点的真实值记为 Y。

给定 x,三个函数都将输出 $f(x)$、$f(x)$ 与 Y 可能相同,也可能不同。为表示拟合的好坏,用一个函数来度量拟合的程度,如

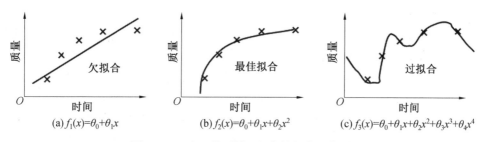

图 7.3　三个函数对同一组点的拟合示意图

$$L(Y, f(X)) = (Y - f(X))^2 \qquad (7.6)$$

此函数即损失函数(loss funtion),损失函数越小,就表明拟合得越好。$f(X)$关于训练集的平均损失称为经验风险(empirical risk),即

$$\frac{1}{N} \sum_{i=1}^{N} L(y_i, f(x_i)) \qquad (7.7)$$

　　目标是最小化经验风险。到这里还没有结束,如果到这一步就结束,肯定是$f_3(x)$的经验风险最小,因为它对历史的数据拟合得最好。但是从图 7.3 上来看,$f_3(x)$肯定不是最好的,因为它过度学习历史数据,导致它在真正预测时效果会很不好,即过拟合。

　　于是,引出不仅要让经验最小化,还要让结构风险最小化。此时定义了一个函数 $J(f)$,这个函数专门用来定量模型的复杂度,在机器学习中又称正则化(regularization),常用的有 L_1 和 L_2 范数。到这一步,可以说最终的优化函数为

$$\min \frac{1}{N} \sum_{i=1}^{N} L(y_i, f(x_i)) + \lambda J(f) \qquad (7.8)$$

即最优化经验风险和结构风险,而这个函数就称为目标函数。

　　结合上面的例子来分析,最左边的 $f_1(x)$ 结构风险最小(模型结构最简单),但是经验风险最大(对历史数据拟合的最差);最右边 $f_3(x)$ 经验风险最小(对历史数据拟合的最好),但是结构风险最大(模型结构最复杂);而 $f_2(x)$ 达到了二者的良好平衡,最适合用来预测未知的数据集。

7.2　机器学习库 sklearn 简介

　　对 Python 语言有所了解的科研人员可能都知道 SciPy——一个开源的基于 Python 的科学计算工具包。基于 SciPy,目前开发者针对不同的应用领域发展出了为数众多的分支版本,它们被统称为 Scikits,即 SciPy 工具包。而在这些分支版本中,最有名的一个就是 sklearn(以前称为 Scikits. learn,又称 Scikit-learn)。sklearn 项目最早由数据科学家 David Cournapeau 在2007 年发起,需要 NumPy 和 SciPy 等其他包的支持,是 Python 语言中专门针对机器学习应用而发展起来的一款开源框架,实现了各种各样成熟的算法,容易安装和使用,样例丰富,而且教程和文档也非常详细。不过,sklearn 也有缺点。例如,它不支持深度学习和强化学习,这在今天已经是应用非常广泛的技术。此外,它也不支持图模型和序列预测,不支持 Python 之外的语言,不支持 PyPy,也不支持 GPU 加速。不过,如果不考虑多层神经网络的相关应用,sklearn 的性能表现是非常不错的。究其原因,一方面是因为其内部算法的实现十分高效,另一方面或许可以归功于 Cython 编译器。通过 Cython 在 sklearn 框架内部生成 C 语言代码的运行方式,

sklearn 消除了大部分的性能瓶颈。

sklearn 的基本功能主要被分为六大部分：分类、回归、聚类、数据降维、模型选择和数据预处理。sklearn 包含的常用模块见表 7.1。

（1）预处理（preprocessing）。主要应用于输入数据的转换，数据的规范化和编码化等，如模块 preprocessing、feature_extraction、transformer（转换器）。

（2）降维（dimensionality reduction）。主要应用于数据可视化和提高数据的分析效率，如主成分分析（PCA）、非负矩阵分解（NMF）、特征选择（feature_selection）等算法。

（3）分类（classification）。主要应用于二元分类问题、多分类问题、图像识别等。包括的算法有逻辑回归、SVM、最近邻、随机森林、朴素贝叶斯（naive Bayes）、神经网络等。

（4）回归（Regression）。主要应用于趋势预测，如药物反应情况、股票价格预测等。包括的算法有线性回归、SVR、岭回归（ridge regression）、套索回归（Lasso）和最小角回归（LARS）等。

（5）聚类（Clustering）。无标签模式下的分类，可以应用于客户细分，分组实验结果等。包括的算法有 KMeans、谱聚类（spectral clustering）等。

（6）模型选择（model selection）。模型选择的目的是通过参数调整来提高精度。所包括的模块有流水线（pipeline）、网格搜索（grid_search）、交叉验证（cross_validation）等。

（7）辅助工具。包括的模块有异常和警告（exceptions）、自带的数据集（dataset）等。

表 7.1　sklearn 包含的常用模块

模块名称	简单描述
base	包含所有估计器的基类和常用函数，如测试估计器是否为分类器的函数 is_classifier( ) 和测试估计器是否为回归器的函数 is_regressor( )
calibration	包含预测概率校准的类和函数
cluster	包含常用的无监督聚类算法的实现，如 AffinityPropagation、AggomerativeClustering、Birch、DBSCAN、FeatureAgglomeration、KMeans、MiniBatchKMeans、MeanShift、SpectralClustering
covariance	包含用来估计给定点集协方差的算法实现
cross_decomposition	交叉分解模块，主要包含偏最小二乘法（PLS）和经典相关分析（CCA）算法的实现
datasets	包含加载常用参考数据集和生成模拟数据的工具
decomposition	包含矩阵分解算法的实现，包括主成分分析（PCA）、非负矩阵分解（NMF）、独立成分分析（ICA）等，该模块中大部分算法可以用作降维技术

续表7.1

模块名称	简单描述
discriminant_analysis	主要包含线型判别分析(LDA)和二次判别分析(QDA)算法
dummy	包含使用简单规则的分类器和回归器,可以作为比较其他真实分类器和回归器好坏的基线,不直接用于实际问题
ensemble	包含用于分类、回归和异常检测的集成方法
feature_extraction	从文本和图像原始数据中提取特征
feature_selection	包含特征选择算法的实现,目前有单变量过滤选择方法和递归特征消除算法
gaussian_process	实现了基于高斯过程的分类与回归
isotonic	保序回归
impute	包含用于填充缺失值的转换器
kernel_approximation	实现了几个基于傅里叶变换的近似核特征映射
kernel_ridge	实现了核岭回归
linear_model	实现了广义线型模型,包括线性回归、岭回归、贝叶斯回归、使用最小角回归和坐标下降法计算的套索和弹性网络估计器,还实现了随机梯度下降(SGD)相关的算法
manifold	流形学习,实现了数据嵌入技术
metrics	包含评分函数、性能度量、成对度量和距离计算
mixture	实现了高斯混合建模算法
model_selection	实现了多个交叉验证器类,以及用于学习曲线、数据集分割的函数
multiclass	实现了多类和多标签分类,该模块中的估计器都属于元估计器,需要使用基估计器类作为参数传递给构造器。例如,可以用来把一个二分类器或回归器转换为多类分类器
multioutput	实现了多输出回归与分类
naive_bayes	实现了朴素贝叶斯算法
neighbors	实现了 K 近邻算法
neural_network	实现了神经网络模型

续表7.1

模块名称	简单描述
pipeline	实现了用来构建混合估计器的工具
inspection	包含用于模型检测的工具
preprocessing	包含缩放、居中、正则化、二值化和插补算法
svm	实现了支持向量机(SVM)算法
tree	包含用于分类和回归的决策树模型
utils	包含一些常用工具,如查找所有正数中最小值的函数 arrayfuncs.min_pos( )和计算稀疏向量密度的函数 extmath.density( )

7.3　回归算法原理与应用

7.3.1　线性回归

根据数学知识容易得知,对于平面上不重合的两个点 $P(x_1,y_1)$ 和 $Q(x_2,y_2)$,可以唯一确定一条直线,即

$$\frac{y-y_1}{x-x_1}=\frac{y_2-y_1}{x_2-x_1} \tag{7.9}$$

简单整理后得到

$$y=\frac{y_2-y_1}{x_2-x_1}\times(x-x_1)+y_1 \tag{7.10}$$

根据这个公式就可以准确地计算任意 x 值在该直线上对应点的 y 值。已知两点的线性回归示意图如图 7.4 所示。

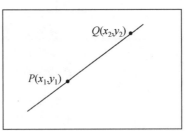

图 7.4　已知两点的线性回归示意图

平面上有若干样本点,并且这些点不共线,现在要求找到一条最佳回归直线,使得这些点的总离差最小,确定最佳回归系数 ω,满足公式

$$\min_{\omega}\parallel X\omega-y\parallel_2^2 \tag{7.11}$$

式中,X 为包含若干 x 坐标的数组;$X\omega$ 为这些 x 坐标在回归直线上对应点的纵坐标;y 为样本点的实际纵坐标。确定了最佳回归直线的方程之后,就可以对未知样本进行预测了,也就是计

算任意 x 值在改制线上对应点的 y 值。多个样本点的线性回归示意图如图 7.5 所示。

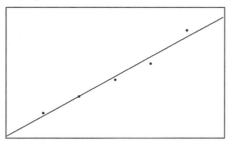

图 7.5　多个样本点的线性回归示意图

使用线性回归算法对实际问题进行预测时,使用一个 $m×n$ 的矩阵表示空间中的 m 个点(或样本)并作为参数 x 输入给模型的 fit() 方法,每个样本是一个 $1×n$ 向量,该向量中每个分量表示一个样本的一个特征。根据观察值 X 和对应的目标 y 对线性回归模型进行训练和拟合,得到最佳“直线”并用来对未知的样本 X 进行预测。如果使用 $\bar{y}$ 表示预测结果,那么可以用下面的线性组合公式表示线性回归模型,即

$$\bar{y}(\boldsymbol{\omega}, x) = \omega_0 + \omega_1 x_1 + \omega_2 x_2 + \cdots + \omega_p x_p \tag{7.12}$$

式中,向量 $\boldsymbol{\omega} = (\omega_1, \omega_2, \cdots, \omega_p)$ 为回归系数,使用 coef_ 表示;ω_0 为截距,使用 intercept_ 表示。在线性回归算法中,使用给定的观察值 X 和对应的目标 y 训练模型,也就是计算最佳回归系数和截距的过程。

【例 7.1】　线性回归模型的简单应用。

```
In[ ]:
    from sklearn import linear_model    #导入线性模型模块
    regression = linear_model.LinearRegression()#创建线性回归模型
    X = [[3], [8]]                      #观察值的 x 坐标
    y = [1, 2]                          #观察值的 y 坐标
    regression.fit(X, y)                #拟合
```

Out[ ]:LinearRegression(copy_X=True, fit_intercept=True, n_jobs=1, normalize=False)

```
In[ ]: regression.intercept_           #截距
```

Out[ ]:0.40000000000000036

```
In[ ]: regression.coef_               #斜率,回归系数,反映了 x 对 y 影响的大小
```

Out[ ]:array([0.2])

```
In[ ]:regression.predict([[6]])        #对未知点进行预测,结果为数组
```

Out[ ]:array([1.6])

7.3.2　岭回归

岭回归是一种改良的最小二乘估计法,以损失部分信息、降低精度为代价,从而获得更符合实际、更可靠的回归系数,对病态数据(这样的数据中某个元素的微小变动会导致计算结果

误差很大)的拟合效果比最小二乘法好。岭回归通过在代价函数后面加上一个对参数的约束项(回归系数向量的 L_2 范数与一个常数 α 的乘积,称为 L_2 正则化)来防止过拟合,即

$$\min_{\omega} \parallel X\omega - y \parallel_2^2 + \alpha \parallel \omega \parallel_2^2 \qquad (7.13)$$

注:L_p 范数定义为

$$L_p = \sqrt[p]{\sum_{i=1}^{n} x_i^p}, \quad x = x_1, x_2, \cdots, x_n \qquad (7.14)$$

当 $p=1$ 时为 L_1 范数,当 $p=2$ 时为 L_2 范数。

【例 7.2】 岭回归的 sklearn 实现。

```
In[ ]:from sklearn.linear_model import Ridge
       ridgeRegression = Ridge(alpha=10)          #创建岭回归模型,设置约束项系数为10
                                                  #数值越大,特征对结果的影响越小
       X = [[3],[8]]
       y = [1, 2]
In[ ]:ridgeRegression.fit(X, y)                   #拟合
```

```
Out[ ]:Ridge(alpha=10, copy_X=True, fit_intercept=True, max_iter=None,
       normalize=False, random_state=None, solver='auto', tol=0.001)
```

```
In[ ]:ridgeRegression.predict([[6]])             #预测
```

```
Out[ ]:array([1.55555556])
```

```
In[ ]:ridgeRegression.coef_                       #查看回归系数
```

```
Out[ ]:array([0.11111111])
```

```
In[ ]:ridgeRegression.intercept_                  #截距
```

```
Out[ ]:0.88888888888888895
```

7.3.3　套索(Lasso)回归

Lasso 是可以估计稀疏系数的线性模型,尤其适用于减少给定解决方案依赖的特征数量的场合。如果数据的特征过多,而其中只有一小部分是真正重要的,则此时选择 Lasso 比较合适。在数学表达上,Lasso 类似于岭回归,也是在代价函数基础上增加了一个惩罚项的线性模型,区别在于 Lasso 的正则项为系数向量的 L_1 范数与一个常数 α 的乘积(称为 L_1 正则化),目标函数的形式为

$$\min_{\omega} \parallel X\omega - y \parallel_2^2 + \alpha \parallel \omega \parallel_1 \qquad (7.15)$$

L_1 正则化是指权值向量 ω 中各个元素的绝对值之和,L_1 正则化只有在惩罚大系数时才区别于 L_2 正则。L_2“惩罚”大系数“惩罚”得更严重。

【例 7.3】 Lasso 回归的 sklearn 实现。

```
In[ ]:from sklearn. linear_model import Lasso
    X = [[3], [8]]
    y = [1, 2]
    reg = Lasso(alpha=3.0)              #惩罚项系数为3.0
    reg. fit(X, y)                       #拟合
```

Out[ ]:Lasso(alpha=3.0, copy_X=True, fit_intercept=True, max_iter=1000,
    normalize=False, positive=False, precompute=False, random_state=None,
    selection='cyclic', tol=0.0001, warm_start=False)

```
In[ ]:reg. coef_                        #查看系数
```

Out[ ]:array([0.])

```
In[ ]:reg. intercept_                   #查看截距
```

Out[ ]:1.5

```
In[ ]:reg. predict([[6]])
```

array([1.5])

7.3.4　逻辑回归

虽然逻辑回归的名字中带有"回归"二字,但实际上逻辑回归是一个用于分类的线性模型。线性回归中得到的 f 是映射到整个实数域中,而分类问题(如二分类问题)需要将 f 映射到 $\{0,1\}$ 空间,因此需要一个函数 $g(\ )$,完成实数域到 $\{0,1\}$ 空间的映射。在逻辑回归中,$g(\ )$ 为 Logistic( ) 函数,当 $g(\ )>0$ 时,x 的预测结果为正,否则为负。逻辑回归的因变量既可以是二分类的,也可以是多分类的,但是二分类更常用一些。

表 7.2　sklearn 逻辑回归模型参数说明

参数名称	含义
penalty	用来指定惩罚时的范数,默认为 $'l_2'$,也可以为 $'l_1'$,但求解器 $'newton-cg'$、$'sag'$ 和 $'lbfgs'$ 只支持 $'l_2'$
C	用来指定正则化强度的逆,必须为正实数,值越小表示正则化强度越大,默认值为 1.0
solver	用来指定优化时使用的算法,该参数可用的值有 $'newton-cg'$、$'lbfgs'$、$'liblinear'$、$'sag'$、$'saga'$,默认值为 $'liblinear'$
multi_class	取值可以为 $'ovr'$ 或 $'multinomial'$,默认值为 $'ovr'$。如果设置为 $'ovr'$,对于每个标签拟合二分类问题,否则在整个概率分布中使用多项式损失进行拟合,该参数不适用于 $'liblinear'$ 求解器
n_jobs	用来指定当参数 multi_class = $'ovr'$ 时使用的 CPU 核的数量,值为−1 时表示使用所有的核
fit(self, X, y, sample_weight=None)	根据给定的训练数据对模型进行拟合

续表7.2

参数名称	含义
predict_log_proba(self, X)	对数概率估计,返回的估计值按分类的标签进行排序
predict_proba(self, X)	概率估计,返回的估计值按分类的标签进行排序
predict(self, X)	预测 X 中样本所属类的标签
score(self, X, y, sample_weight = None)	返回给定测试数据和实际标签相匹配的平均准确率
densify(self)	把系数矩阵转换为密集数组格式
sparsify(self)	把系数矩阵转换为稀疏矩阵格式

【例7.4】　用逻辑回归模型预测成绩是否及格。

```
from sklearn. linear_model import LogisticRegression
#复习情况,格式为(时长,效率),其中时长单位为小时
#效率为[0,1]之间的小数,数值越大表示效率越高
X_train = [(0,0), (2,0.9), (3,0.4), (4,0.9), (5,0.4), (6,0.4), (6,0.8),
(6,0.7), (7,0.2), (7.5,0.8),(7,0.9), (8,0.1), (8,0.6), (8,0.8)]
#0 表示不及格,1 表示及格
y_train = [0, 0, 0, 1, 0, 0, 1, 1, 0, 1, 1, 0, 1, 1]
#创建并训练逻辑回归模型
reg = LogisticRegression( )
reg. fit( X_train, y_train)
#测试模型
X_test = [(3,0.9), (8,0.5), (7,0.2), (4,0.5), (4,0.7)]
y_test = [0, 1, 0, 0, 1]
score = reg. score( X_test, y_test)
#预测并输出预测结果
learning = [(8, 0.9)]
result = reg. predict_proba( learning)
msg = '''模型得分:{0}
复习时长为:{1[0]},效率为:{1[1]}
您不及格的概率为:{2[0]}
您及格的概率为:{2[1]}
综合判断,您会:{3}'''. format( score, learning[0], result[0], '不及格' if result[0][0]>0.5
else '及格')
print( msg)
```

7.4　支持向量机算法原理与应用

7.4.1　支持向量机算法基本原理

支持向量机的想法是基于训练集在样本空间中找到一个可以将不同类别的样本(此处用点表示)分隔开的超平面,并且使所有的样本尽可能远离超平面。但实际上距超平面很远的点已经被分类正确了,用户所关心的是距超平面较近的点,这是容易被误分类的点。如何使离得较近的点尽可能远离超平面,也就是如何找到一个最优的超平面,以及如何定义最优超平面,是支持向量机需要解决的问题。

分隔平面上线性可分的两类物体如图 7.6 所示,只需要找到一条直线 L_1 或 L_2 即可。当然,按照"使离超平面较近的点尽可能远离超平面"的原则,这里的 L_2 为最佳的超平面。如果样本在二维平面上不是线性可分的(图 7.7),则无法使用一条简单的直线将其完美分隔开。这时可以尝试通过某种变换把所有样本都投射到三维空间。例如,把一类物体沿 z 轴正方向移动,另一类物体沿 z 轴负方向移动或保持不动,就可以使用一个平面将样本区分开了。如果样本在三维空间仍不是线性可分的,就尝试着投射到更高维空间使用超平面进行分隔,依此类推。

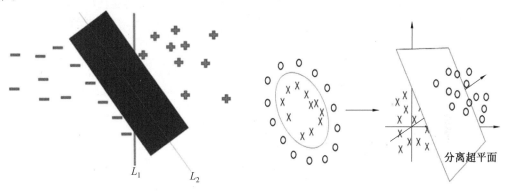

图 7.6　分隔平面上线性可分的两类物体　　图 7.7　分隔平面上随意摆放的两类物体

如果样本在原来维度的空间中不是线性可分的,就投影到更高维的特征空间进行处理,支持向量机的核决定了如何投影到更高维空间(也就是核函数)。核函数是一系列函数的统称,这些函数的输入是样本 x,输出是一个映射到更高维度的样本 x_t,大部分能实现这一点的函数都可以认为是核函数。常用的核有线性核、多项式核(polynomial kernel)、径向基函数核(radial basis function kernel)、拉普拉斯核和 Sigmoid 核等。核函数的参数决定了边界的形状,对模型也有较大影响。

支持向量机在人脸识别、文本分类、图像分类、手写识别、生物序列分析等模式识别应用中取得了较大成功。

7.4.2　支持向量机的 sklearn 实现

在 sklearn 中的 SVM 中有三种分类器:SVC、NuSVC 和 LinearSVC。SVC 与 NuSVC 的区别

是对损失的度量方式不同。SVC 的参数、属性和方法说明见表 7.3、表 7.4 和表 7.5；LinearSVC 如其名字，核函数只能是线性核函数。三个分类器的参数不全相同，其中几个主要参数的区别如下。

（1）C。惩罚参数，默认为 1.0。NuSVC 没有这个参数项，因为其通过另一个参数 nu 来控制训练集训练的错误率。

（2）kernel。核函数，默认为 rbf，当然也可以把它设置为'linear'、'poly'、'rbf'、'sigmoid'、'precomputed'。注意，LinearSVC 不能设置核函数，其默认是'linear'。

（3）gamma。'poly'、'rbf'、'sigmoid'核函数的参数，默认会根据数据特征自动选择。

（4）degree。当核函数为'poly'时生效，即 poly 函数的维度，默认为 3。

（5）coef0。'poly'、'sigmoid'核函数的常数项。

表 7.3　SVC 的参数说明

参数名称	含义
C	用来设置错误项的惩罚参数 C，值越大对误分类的惩罚越大，间隔越小，对错误的容忍度越低
kernel	用来指定算法中使用的核函数类型，可用的值有'linear'、'poly'、'rbf'、'sigmoid'、'precomputed'或可调用对象。如果样本在原始空间中就是线形可分的，可以直接使用 kernel='linear'；如果样本在原始空间中不是线性可分的，再根据实际情况选择使用其他的核
gamma	用来设置 kernel 值为'rbf'、'poly'和'sigmoid'时的核系数，当 gamma='auto'时，使用 $1/n\_features$ 作为系数
degree	用来设置 kernel='poly'时多项式核函数的度，kernel 为其他值时忽略 degree 参数
coef0	用来设置核函数中的独立项，仅适用于 kernel 为'poly'和'sigmoid'的场合
probability	用来设置是否启用概率估计，必须在调用 fit( )方法之前启用，启用之后会降低 fit( )方法的执行速度
shrinking	用来设置是否使用启发式收缩方式
tol	用来设置停止训练的误差精度
max_iter	用来设置最大迭代次数，-1 表示不限制
decision_function_shape	用来设置决策函数的形状，可以用的值有'ovr'或'ovo'。前者表示 one-vs-rest，决策函数形状为（n_samples, n_classes）；后者表示 one-vs-one，决策函数形状为（n_samples, n_classes * (n_classes - 1) / 2)

表 7.4　SVC 的属性说明

属性	含义
support_	支持向量的索引
support_vectors_	支持向量
n_support_	每个类的支持向量的数量
dual_coef_	决策函数中支持向量的系数
coef_	为特征设置的权重,仅适用于线性核

表 7.5　SVC 的方法说明

方法	功能
decision_function(self, X)	计算样本集 X 到分隔超平面的函数距离
predict(self, X)	对 X 中的样本进行分类
predict_proba(self, X)	返回 X 中样本属于不同类的概率
fit(self, X, y, sample_weight=None)	根据训练集对支持向量机分类器进行训练
score(self, X, y, sample_weight=None)	根据给定的测试集和标签计算并返回分类准确度平均值

【例 7.5】　用 SVM 对鸢尾花进行分类预测。

```
from sklearn import datasets,svm
import pandas as pd
#加载鸢尾花数据集
iris=datasets. load_iris( )
X=iris. data
Y=iris. target
#创建 SVM 分类器
clf1=svm. SVC( )
#训练
clf1. fit(X,Y)
#预测
clf1. predict([[1,2,3,4]])
#支持向量
clf1. support_vectors_
#支持向量的索引
clf1. support_
#每个类的支持向量的数量
clf1. n_support_
```

【例 7.6】　用支持向量机实现手写数字识别。用 sklearn 自带的手写图片数据,共 1 797 张 8×8 的图片。

```
import numpy as np
from sklearn import svm
from sklearn. datasets import load_digits
from sklearn. model_selection   import train_test_split
#导入手写数字集
mnist = load_digits( )
#随机划分训练集和测试集
#test_size 即测试集所占总数据的比例
#random_state 是随机数的初始种子,若为 None,则每次生成的数据都是随机的,可能不一样
x,test_x,y,test_y = train_test_split(mnist. data,mnist. target,test_size=0. 25,random_state=40)
#创建模型
model = svm. LinearSVC( )   #核函数是 linear
#训练
model. fit( x, y)
#预测
z = model. predict( test_x)
#打印准确度
print('准确率:',np. sum( z==test_y)/z. size) )
```

7.5 KNN 分类算法原理与应用

7.5.1 KNN 算法基本原理

K 近邻(K nearest neighbor,KNN)算法属于有监督学习算法,既可用于分类,也可用于回归,这里重点介绍分类的用法。K 近邻分类算法的基本思路是在样本空间中查找 K 个最相似或距离最近的样本,然后根据 K 个最相似的样本对未知样本进行分类。KNN 分类的示意图如图 7.8 所示,如果 $K=5$,则未知样本(中心点)的类别是正号;如果 $K=10$,则未知样本的类别是负号。

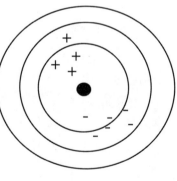

图 7.8　KNN 分类的示意图

使用 KNN 算法进行分类的基本步骤如下。

(1)对数据进行预处理,提取特征向量,对原始数据进行重新表达。

(2)确定距离计算公式,并计算已知样本空间中所有样本与未知样本的距离。

(3)对所有距离按升序排列。

(4)确定并选取与未知样本距离最小的 K 个样本,统计选取的 K 个样本中每个样本所属类别的出现频率。

(5)把出现频率最高的类别作为预测结果,认为未知样本属于这个类别。

在该算法中,如何计算样本之间的距离和如何选择合适的 K 值是比较重要的两个方面,将对分类结果有一定的影响。关于样本之间距离公式的选择请参见第 8 章的 8.1 节。

7.5.2　KNN 算法的 sklearn 实现

【例 7.7】　KNN 算法应用示例。

```
In[ ]:from sklearn. neighbors import KNeighborsClassifier
In[ ]:X =[[1,5], [2,4], [2.2,5],
        [4,1.5], [5,1], [5,2], [5,3], [6,2],
        [7.5,4.5], [5.5,4], [7.9,5.1], [5.2,5]]
In[ ]:y = [0, 0, 0, 1, 1, 1, 1, 1, 2, 2, 2, 2]
In[ ]:knn = KNeighborsClassifier(n_neighbors=3)    #创建模型,k=3
In[ ]:knn. fit(X, y)                                #训练模型
Out[ ]:KNeighborsClassifier(algorithm='auto', leaf_size=30, metric='minkowski',
        metric_params=None, n_jobs=1, n_neighbors=3, p=2, weights='uniform')
```

```
In[ ]:knn. predict([[4.8,5.1]])                     #分类
Out[ ]:array([0])
```

```
In[ ]:knn = KNeighborsClassifier(n_neighbors=9)     #设置参数 k=9
In[ ]:knn. fit(X, y)
Out[ ]:KNeighborsClassifier(algorithm='auto', leaf_size=30, metric='minkowski',
        metric_params=None, n_jobs=1, n_neighbors=9, p=2, weights='uniform')
```

```
In[ ]:knn. predict([[4.8,5.1]])                     #分类
Out[ ]:array([1])
```

```
In[ ]:knn. predict_proba([[4.8,5.1]])               #属于不同类别的概率
Out[ ]:array([[ 0.22222222,  0.44444444,  0.33333333]])
```

7.6　KMeans 聚类算法原理与应用

7.6.1　KMeans 聚类算法基本原理

KMeans 是一种比较简单但广泛使用的聚类算法,属于无监督学习算法,在数据预处理时使用较多。在初始状态下,样本都没有标签或目标值,由聚类算法发现样本之间的关系,然后自动把在某种意义下相似的样本归为一类并贴上相应的标签。

KMeans 算法的基本思想是:选择样本空间中 K 个样本(点)为初始中心,然后对剩余样本进行聚类,每个中心把距离自己最近的样本"吸引"过来,然后更新聚类中心的值,依次把每个样本归到距离最近的类中,重复上面的过程,直至得到某种条件下最好的聚类结果。假设要把样本集分为 K 个类别,算法描述如下。

（1）按照定义好的规则选择 K 个样本作为每个类的初始中心。

（2）在第 i 次迭代中，对任意一个样本，计算该样本到 K 个类中心的距离，将该样本归到距离最小的中心所在的类。

（3）利用均值（或其他方法）更新该类的中心值。

（4）重复上面的过程，直到没有样本被重新分配到不同的类或没有聚类中心再发生变化，停止迭代。

最终得到的 K 个聚类具有以下特点：各聚类本身尽可能的紧凑，而各聚类之间尽可能的分开。该算法的优势在于简洁和快速，算法的关键在于预期分类数量 K 的确定，以及初始中心和距离计算公式的选择。

7.6.2　KMeans 聚类算法的 sklearn 实现

【例 7.8】　KMeans 聚类算法应用示例。

```python
from numpy import array
from random import randrange
from sklearn. cluster import KMeans
#原始数据
X = array([[1,1,1,1,1,1,1], [2,3,2,2,2,2,2], [3,2,3,3,3,3,3],
          [1,2,1,2,2,1,2], [2,1,3,3,3,2,1], [6,2,30,3,33,2,71]])
#训练模型，选择三个样本作为中心，把所有样本划分为三个类
kmeansPredicter = KMeans(n_clusters=3). fit(X)
print('原始数据:\n', X)
#原始数据每个样本所属的类别标签
category = kmeansPredicter. labels_
print('聚类结果:', category)
print('=' * 30)
print('聚类中心:\n', kmeansPredicter. cluster_centers_)
print('=' * 30)
def predict(element):
    result = kmeansPredicter. predict(element)
    print('预测结果:', result)
    print('相似元素:\n', X[category == result])
#测试
predict([[1,2,3,3,1,3,1]])
print('=' * 30)
predict([[5,2,23,2,21,5,51]])
```

【例 7.9】　使用 KMeans 算法压缩图像颜色。

```
import numpy as np
from sklearn. cluster import KMeans
from PIL import Image
import matplotlib. pyplot as plt
#打开并读取原始图像中像素颜色值,转换为二维数组
imOrigin = Image. open('颜色压缩测试图像. jpg')
dataOrigin = np. array(imOrigin)
#然后再转换为二维数组,-1 表示自动计算该维度的大小
data = dataOrigin. reshape(-1,3)
#使用 KMeans 算法把所有像素的颜色值划分为四类
kmeansPredicter = KMeans(n_clusters=4)
kmeansPredicter. fit(data)
#使用每个像素所属类的中心值替换该像素的颜色
# temp 中存放每个数据所属类的标签
temp = kmeansPredicter. labels_
dataNew = kmeansPredicter. cluster_centers_[ temp ]
dataNew. shape = dataOrigin. shape
dataNew = np. uint8(dataNew)
plt. imshow(dataNew)
plt. imsave('结果图像. jpg', dataNew)
plt. show()
```

本 章 小 结

本章介绍了采用机器学习进行数据分析的部分常用方法,首先介绍了机器学习中的几个基本概念,然后简单介绍了 sklearn 机器学习库。主要介绍了几种具有代表性的分析方法,包括回归算法中的基本线性回归算法,其他回归算法有套索回归、岭回归和逻辑回归。分类算法中主要介绍了两种分类方法:一是支持向量机的原理及使用方法;二是 K 近邻分类方法。聚类算法主要介绍了 KMeans 聚类方法的基本原理和 sklearn 的实现。

课 后 习 题

一、选择题

1. 如果数据的特征过多,而其中只有一小部分是真正重要的,则此时选择(　　　)线性回归模型比较合适。

A. Lasso   B. Ridge

C. linear_model   D. KMeans

2. 关于 KMeans 聚类，下列说法中错误的是(   )。

A. 第一步算法开始时可以任意选取 K 个样本(点)为初始中心

B. 第二步计算样本到 K 个类中心的距离，将该样本归到距离最大的中心所在的类

C. 第三步通过均值方法更新聚类中心的值

D. 停止迭代的条件是直到没有样本被重新分配到不同的类或没有聚类中心再发生变化

3. 关于 KNN 和 KMeans 算法，正确的描述是(   )。

①KNN 是一种无监督学习算法，KMeans 是一种有监督学习算法

②KNN 是一种有监督学习算法，KMeans 是一种无监督学习算法

③KNN 算法与 KMeans 算法中的 K 值含义相同

④KNN 算法与 KMeans 算法中的 K 值含义不同

A. ①③   B. ②④   C. ①④   D. ②③

4. 在做线性回归时，如果某个样本值的微小变动会导致计算结果误差很大，则此时选择

(   )线性回归模型比较合适。

A. Lasso   B. Ridge

C. linear_model   D. KMeans

5. 在拟合过程中，可采取(   )方法避免出现过拟合问题。

①增加样本数量   ②简化模型   ③降维   ④正则化

A. ①③④   B. ①②③   C. ②③④   D. 都可以

6. 关于学习算法的误差的描述，下列选项错误的是(   )。

A. 偏差反应了算法的拟合能力

B. 方差反应了算法的稳定性

C. 偏差大则方差也会较大，反之亦然

D. 代价函数是训练集中所有样本偏差的均值

二、操作实践

sklearn 中的鸢尾花(Iris)数据集是一个经典数据集，包含三类共 150 条记录，每条记录有四项特征：花萼长度、花萼宽度、花瓣长度、花瓣宽度。请用 Python 语言，利用 sklearn 中的鸢尾花数据集构造一个识别鸢尾花类型的 SVM 分类器。完成下列要求：

(1)请回答 SVM 实现分类的基本思想是什么；

(2)给出分类器代码，并预测样本[4,2.5,5,0.5]的类别。

第8章

数据分析之文本分析

上一章介绍的机器学习算法在实现过程中应用的数据主要是数值型数据,这些数据可以直接或经过标准化后应用于建模。而在实际工作中,经常会遇到文本型的数据,如邮件、文章、合同、社交网站信息、分类数据、文本型字段等,这样的数据不能直接用于建模,必须经过一系列的分析和处理转换为数值型的数据,才可进行深度的建模和分析。此外,由于文本数据转换为数值型数据后具有一定的特殊性,因此在建模时所使用的距离度量(或相似性度量)方法也将有所不同。本章将首先综合介绍常见的距离度量方法,包括数值型数据和分类数据的度量;然后通过实例介绍文本数据的分析方法,同时介绍高维数据可视化方法——多维标度法(MDS);最后应用机器学习算法介绍文本分析案例——垃圾短信的分类。

8.1　距离度量和相似性度量

对任何数据集进行分析,如分类或聚类,第一步便是决定如何比较数据项之间的相似性,或度量数据项之间的距离。距离度量(distance)用于衡量个体在空间上存在的距离,距离越远说明个体间的差异越大。相似度度量(similarity)即计算个体间的相似程度,与距离度量相反,相似度度量的值越小,说明个体间相似度越小,差异越大。下面介绍几种常见的距离度量和相似性度量方法。

8.1.1　距离度量

1. 欧氏距离(Euclidean distance)

欧氏距离是最易于理解的一种距离计算方法,源自欧氏空间中两点间的距离公式,衡量的是多维空间中各个点之间的绝对距离。

(1)二维平面上两点 $a(x_1, y_1)$ 与 $b(x_2, y_2)$ 间的欧氏距离为

$$d_{12} = \sqrt{(x_1 - x_2)^2 + (y_1 - y_2)^2} \tag{8.1}$$

(2)两个 n 维向量 $\boldsymbol{a}(x_{11}, x_{12}, \cdots, x_{1n})$ 与 $\boldsymbol{b}(x_{21}, x_{22}, \cdots, x_{2n})$ 间的欧氏距离为

$$d_{12} = \sqrt{\sum_{k=1}^{n}(x_{1k} - x_{2k})^2} \tag{8.2}$$

因为计算是基于各维度特征的绝对数值,所以欧氏度量需要保证各维度指标在相同的刻

度级别,如对身高(cm)和体重(kg)两个单位不同的指标,使用欧氏距离可能使结果失效,因此必要时需进行数据规范化处理。

2. 曼哈顿距离(Manhattan distance)

在曼哈顿要从一个十字路口开车到另外一个十字路口,实际驾驶距离就是曼哈顿距离,这也是曼哈顿距离名称的来源。曼哈顿距离又称城市街区距离(city block distance)。

(1)二维平面两点 $a(x_1, y_1)$ 与 $b(x_2, y_2)$ 间的曼哈顿距离为

$$d_{12} = |x_1 - x_2| + |y_1 - y_2| \tag{8.3}$$

(2)两个 n 维向量 $\boldsymbol{a}(x_{11}, x_{12}, \cdots, x_{1n})$ 与 $\boldsymbol{b}(x_{21}, x_{22}, \cdots, x_{2n})$ 间的曼哈顿距离为

$$d_{12} = \sum_{k=1}^{n} |x_{1k} - x_{2k}| \tag{8.4}$$

8.1.2 相似性度量

1. 海明距离(Hamming distance)

海明距离是对两个数据集中的元素是否相同进行简单求和(对数据集中数据项的数量比较敏感)。海明距离越大,表示越不相似;海明距离越小,表示越相似。例如,对于两个等长字符串 s_1 与 s_2 之间的海明距离,可以定义为将其中一个变为另外一个所需要做的最小替换次数。例如,字符串"1111"与"1001"之间的海明距离为2。海明距离公式为

$$H(a, b) = \begin{cases} \sum_{i=1}^{n} 1, & a_i \neq b_i \\ 0, & \text{其他} \end{cases} \tag{8.5}$$

2. 余弦相似度/ 夹角余弦(Cosine similarity)

几何中夹角余弦可用来衡量两个向量方向的差异,机器学习中借用这一概念来衡量样本向量之间的差异。例如,两用户同时对两件商品评分,向量分别为(3,3)和(5,5),表明这两位用户对两件商品的喜好其实是一样的,此时夹角余弦值为1。如果采用欧氏距离计算,则给出的解显然没有余弦值直观。

(1)在二维空间中,向量 $\boldsymbol{A}(x_1, y_1)$ 与向量 $\boldsymbol{B}(x_2, y_2)$ 的夹角余弦公式为

$$\cos \theta = \frac{x_1 x_2 + y_1 y_2}{\sqrt{x_1^2 + y_1^2} \sqrt{x_2^2 + y_2^2}} \tag{8.6}$$

(2)类似地,对于两个 n 维样本点 $a(a_1, a_2, \cdots, a_n)$ 和 $b(b_1, b_2, \cdots, b_n)$,可以使用类似于夹角余弦的概念来衡量它们间的相似程度,即

$$\cos(a, b) = \frac{\sum_{i=1}^{n} a_i b_i}{\|a\| \|b\|}, \quad \|a\| = \sqrt{\sum_{i=1}^{n} a_i^2} \tag{8.7}$$

夹角余弦取值范围为[-1,1]。夹角余弦越大,表示两个向量的夹角越小;夹角余弦越小,表示两向量的夹角越大。当两个向量的方向重合时,夹角余弦取最大值1;当两个向量的方向完全相反时,夹角余弦取最小值-1。

3. 杰卡德系数(Jaccard coefficient)

两个集合 A 和 B 的交集元素在 A、B 的并集中所占的比例称为两个集合的杰卡德系数,用

符号 $J(A,B)$ 表示为

$$J(A,B) = \frac{|A \cap B|}{|A \cup B|} \tag{8.8}$$

杰卡德相似系数是衡量两个集合的相似度一种指标,其对数据集中数据项的数量比较敏感。

4. 皮尔森相关系数(Pearson correlation coefficient)

两个变量 a 和 b 的皮尔森相关系数是指两个变量的协方差与标准差之积的商,即

$$P(a,b) = \frac{\text{cov}(a,b)}{\sigma(a)\sigma(b)} = \frac{\frac{1}{n}\sum_{i=1}^{n}(a_i - \mu(a))(b_i - \mu(b))}{\sqrt{\frac{1}{n}\sum_{i=1}^{n}(a_i - \mu(a))^2}\sqrt{\frac{1}{n}\sum_{i=1}^{n}(b_i - \mu(b))^2}} \tag{8.9}$$

相关系数是衡量随机变量 a 与 b 相关程度的一种方法,相关系数的取值范围是 $[-1,1]$。相关系数的绝对值越大,则表明 a 与 b 相关度越高。当 a 与 b 线性相关时,相关系数取值为 1(正线性相关)或 -1(负线性相关)。具体来说,如果有两个变量 a 和 b,则最终计算出的相关系数的含义可以有如下理解:当相关系数为 0 时,a 与 b 两变量无关系;当 a 的值增大(减小),b 值增大(减小)时,两个变量为正相关,相关系数在 0.00 与 1.00 之间;当 a 的值增大(减小),b 值减小(增大)时,两个变量为负相关,相关系数在 -1.00 与 0.00 之间。

皮尔森相关系数是余弦相似度在维度值缺失情况下的一种改进。余弦相似度的问题是:其计算严格要求"两个向量必须所有维度上都有数值",而实际做数据分析或挖掘的过程中,向量在某个维度的值常常是缺失的。例如,$v_1 = (1, 2, 4)$,$v_2 = (3, -1, \text{null})$,由于 v_2 中第三个维度有 null(空值),因此无法进行计算。一个很朴素的想法是在缺失值处填充一个值,如填充这个向量已有数据的平均值,所以 v_2 填充后变成 $v_2 = (3, -1, 1)$,接下来就可以计算 $\cos(v_1, v_2)$ 了。而皮尔森相关系数的思路是把这些 null 的维度都填上 0,然后让所有其他维度减去这个向量各维度的平均值,这样的操作称为去中心化。去中心化之后所有维度的平均值就是 0,也满足进行余弦计算的要求,然后再进行余弦计算得到结果。这样先去中心化再计算余弦得到的相关系数就称为皮尔森相关系数。通常情况下的相关系数与相关程度对应关系见表 8.1。一般情况下,通过表 8.1 所示的取值范围来判断变量的相关强度。

表 8.1　通常情况下的相关系数与相关程度对应关系

相关系数	相关程度
0.8 ~ 1.0	极强相关
0.6 ~ 0.8	强相关
0.4 ~ 0.6	中等程度相关
0.2 ~ 0.4	弱相关
0.0 ~ 0.2	极弱相关或无相关

5. 斯皮尔曼等级相关系数(Spearman's rho)

斯皮尔曼相关性系数通常又称斯皮尔曼秩相关系数,反映的是两个随机变量的的变化趋势方向与强度之间的关联,是将两个随机变量的样本值按数据的大小顺序排列位次,以各要素

样本值的位次代替实际数据而求得的一种统计量。这种表征形式没有求解皮尔森相关性系数时的那些限制,其计算方式为

$$\rho(a,b) = \frac{6\sum\limits_{i=1}^{n} d_i{}^2}{n(n^2-1)} \tag{8.10}$$

具体计算过程是:首先对两个变量(a, b)的数据进行排序,然后记下排序以后的位置$(x,y),(x, y)$的值称为秩次,秩次的差值就是上面公式中的d_i,n就是变量中数据的个数,最后代入公式即可求解结果。

【例8.1】 已知球队 A 和球队 B 历年联赛的名次见表8.2。这两个球队的战绩是否具有相关性?

表8.2 球队 A 和球队 B 历年联赛的名次

年份	球队 A 名次	球队 B 名次	x	y	d	d^2
2014	5	7	3	4	−1	1
2016	2	1	1	1	0	0
2018	10	8	5	5	0	0
2020	6	3	4	2	2	4
2022	4	5	2	3	−1	1
$\sum$	27	24	15	15		6

分析 此题样本的数据共有五组,即 $n=5$,用斯皮尔曼等级相关解题。其中,x 为球队 A 的战绩按从小到大排序;y 为球队 B 的战绩由小到大排序;$d=x-y$。

将 $n=5$,$\sum d^2 = 6$ 代入公式 $1-[6 \cdot \sum (d_i)^2 / (n^3-n)]$ 得 $\rho = 0.7$。

分析结果 这两个球队战绩的等级相关系数为 0.7,属于高度相关。

【例8.2】 斯皮尔曼相关系数的 Python 计算示例。

SciPy 中用于计算斯皮尔曼相关系数的函数是 scipy. stats. spearmanr,其语法如下所示:

scipy. stats. spearmanr(a, b=None, axis=0, nan_policy='propagate', alternative='two-sided')

计算例1:调用 scipy 函数计算例8.1 中数据的斯皮尔曼相关系数。

```
import numpy as np
from scipy import stats
stats. spearmanr([5,2,10,6,4], [7,1,8,3,5])
```

结果显示:

SpearmanrResult(correlation=0.7, pvalue=0.1881204043741873)

得到与手动计算相同的结果。此处 pvalue 为结果可信程度的一个递减指标,如pvalue=0.05 提示样本中变量关联有 5% 的可能是偶然性造成的。此处 pvalue 为0.1881204043741873,说明这两个球队的战绩是非常相关的。

计算例2:两个随机数序列的斯皮尔曼相关系数。

```
rng = np. random. default_rng( )
x2n = rng. standard_normal( ( 100 , 2 ) )
stats. spearmanr( x2n)
```

结果显示：

$\text{SpearmanrResult}(\text{correlation} = -0.00876087608760876, \text{pvalue} = 0.931061841564777)$

斯皮尔曼等级相关系数对数据条件的要求没有皮尔森相关系数严格，只要两个变量的观测值是成对的等级评定数据，或是由连续变量的观测转化得到的等级数据，无论两个变量的总体分布形态、样本容量的大小如何，都可以用斯皮尔曼等级相关系数来进行研究。

斯皮尔曼相关系数和皮尔森相关系数对比如下。

（1）皮尔森相关是关于两个随机变量之间的线性关系强度的统计度量（statistical measure），而斯皮尔曼相关考查的是二者单调关系（monotonic relationship）的强度，通俗地说就是二者在变大或变小的趋势上多大程度上保持步调一致，哪怕没有保持比例关系。计算皮尔森相关系数时使用的是数据样本值本身，而计算斯皮尔曼相关系数使用的是数据样本排位位次值（有时数据本身就是位次值，有时数据本身不是位次值，则在计算斯皮尔曼相关系数之前要先计算位次值）。

（2）方法的选择方面。

①如果是连续数据、正态分布、线性关系，则用皮尔森相关系数是最恰当，当然用斯皮尔曼相关系数也可以，只是效率方面可能没有皮尔森相关系数高。

②上述任一条件不满足，就用斯皮尔曼相关系数，不能用皮尔森相关系数。

③两个定序测量数据之间也用斯皮尔曼相关系数，不能用皮尔森相关系数，其中至少有一方数据是序数类型（ordinal）而非数值类型。例如，数据的赋值为"第一、第二、第三、…"等。

6. 词频-逆文档频率（TF-IDF）

TF-IDF（term frequency-inverse document frequency）模型的主要思想是：如果词 w 在一篇文档 d 中出现的频率高，并且在其他文档中很少出现，则认为词 w 具有很好的区分能力，适合用来把文档 d 与其他文档区分开来。其含义即字词的重要性随着它在文档中出现的次数成正比例增加，但同时会随着它在语料库（文档集）中出现的频率成反比例下降。TF-IDF 公式为

$$\text{TF-IDF} = \frac{\text{TF}}{\text{IDF}} \qquad (8.11)$$

式中，TF 为某个词在一个文档中出现的次数；IDF 为包含该词的文档数/语料库文档总数。

有很多不同的数学公式可以用来计算 TF-IDF，其中常用形式之一为

$$\text{TF}_w = \frac{\text{某文档中词条 } w \text{ 出现的次数}}{\text{该文档中所有的词条数目}}$$

$$\text{IDF}_w = \log \frac{\text{语料库的文档总数}}{\text{包含词条 } w \text{ 的文档数}+1}$$

$$\text{TF-IDF} = \text{TF}_w \times \text{IDF}_w \qquad (8.12)$$

这里考虑到文章有长短之分，因此进行了规范化处理，便于不同文章的比较。

【例8.3】 用 TF-IDF 公式计算示例。假如一篇文档的总词语数是 100 个，而词语"鲜花"出现了三次，那么"鲜花"一词在该文档中的词频（TF）就是 $3/100 = 0.03$。

计算其逆向文档频率（IDF）的方法是语料库里包含的文档总数除以包含"鲜花"一词的

文档数。因此,如果"鲜花"一词在 1 000 份文档中出现过,而文档总数是 1 000 000,其 IDF 的值就是 lg(1 000 000/1 000)=3。最后"鲜花"的 TF-IDF 的值为 0.03×3=0.09。

8.1.3　度量方法应用示例

根据数据项类型的不同,如数值型数据和分类型数据,所采用的度量方法不尽相同。而对相同的数据类型,分析的需求不同,采用的度量方法也不尽相同。

例如,对于数值型数据来说,如果想利用相似属性的绝对值来区分个体类别,则欧氏距离比较合适;如果只是想知道不同个体之间的变量是否符合相同的变化趋势,则考虑属性之间的相关性更合适,因此用皮尔森相关系数更合适,这一点尤其适用于时间序列的数据分析。例如,要识别出价格在时间上有相同涨跌模式的一组股票,相对于这种涨跌模式,绝对的价格信息已经没有那么重要了。还可能存在一种情况,即如果数据存在"分数膨胀"问题(有的人打分分布正常,有的人就比较极端),则建议使用皮尔森相关系数。如果数据比较密集,变量之间基本都存在共有值,且这些距离数据都是非常重要的,则可以使用欧氏距离或曼哈顿距离。对其中空缺值处理时要注意的是:用零代替空缺值的方法可能会造成较大误差,用"平均值"填充效果好于零值填充,如果数据是稀疏的,则使用余弦相似度。余弦相似度和皮尔森相关系数在推荐系统中应用较多。

而对于分类数据,如属性值只能取 0 或 1,这种情况下欧氏距离不合适,因为只有加减 0 或 1,会有很多重复的相似性度量值,因此采用杰卡德系数、余弦相似度或 TF-IDF 更为合适。

【例 8.4】　部分葡萄酒数据集示例(wine.data)如图 8.1 所示,此数据集包括了三种酒中 13 种不同成分的数量。13 种成分分别为 Alcohol、Malicacid、Ash、Alcalinity of ash、Magnesium、Total phenols、Flavanoids、Nonflavanoid phenols、Proanthocyanins、Color intensity、Hue、OD280/OD315 of diluted wines、Proline。在 wine.data 文件中,每行代表一种酒的样本,共有 178 个样本。一共有 14 列,其中第一列为类标志属性,共有三类,分别记为"1""2""3",后面的 13 列为每个样本的对应属性的样本值,其中第 1 类有 59 个样本,第 2 类有 71 个样本,第 3 类有 48 个样本。

	Class	Alcohol	Malic	Ash	Alcalinity	Magnesium	Total	Flavanoids	Nonflavanoid	Proanthocyanins	Color	Hue	OD280	Proline
0	1	14.23	1.71	2.43	15.6	127	2.80	3.06	0.28	2.29	5.64	1.04	3.92	1065
1	1	13.20	1.78	2.14	11.2	100	2.65	2.76	0.26	1.28	4.38	1.05	3.40	1050
2	1	13.16	2.36	2.67	18.6	101	2.80	3.24	0.30	2.81	5.68	1.03	3.17	1185
3	1	14.37	1.95	2.50	16.8	113	3.85	3.49	0.24	2.18	7.80	0.86	3.45	1480
4	1	13.24	2.59	2.87	21.0	118	2.80	2.69	0.39	1.82	4.32	1.04	2.93	735

图 8.1　部分葡萄酒数据集示例(wine.data)

如何基于每行信息计算酒之间的相似度?可采取的方法是将每种酒看作十三维空间中的一点,使用欧氏距离公式来进行度量——两点间的直线距离。代码如下所示:

```
% matplotlib inline
import pandas as pd
import matplotlib. pyplot as plt
import matplotlib
```

```
import numpy as np
plt. style. use('ggplot')
#葡萄酒数据集
#三种酒中 13 种不同成分的数量
df = pd. read_csv("wine. data",header=None)
import re
expr = re. compile('. * [0-9]+\)\s? (\w+). * ')
df_header = open("wine. names")
header_names = ['Class']
for l in df_header. readlines():
    if len(expr. findall(l. strip()))! =0:
        header_names. append(expr. findall(l. strip())[0])


df_header. close()
header_names
df. columns = header_names
df[ :5]
from sklearn import preprocessing
df_normalized = pd. DataFrame(preprocessing. scale(df[header_names[1:]]))
df_normalized. columns = header_names[1:]
df_normalized. describe()
import sklearn. metrics. pairwise as pairwise
#计算欧氏距离
distances = pairwise. euclidean_distances(df_normalized)
#用 MDS(Multidimensional scaling,多维标度法)降维
from sklearn. manifold import MDS
mds_coords = MDS(). fit_transform(distances)
pd. DataFrame(mds_coords). plot(kind='scatter',x=1,y=0,color=df. Class[ :],colormap
='Reds')
```

　　葡萄酒数据集分布的可视化如图 8.2 所示,图中用散点图显示了数据点在给定的距离度量值下彼此之间是如何分布的。由于结果集有 13 个维度,因此无法直接使用二维空间下的散点图直接可视化临近的数据点,这里使用多维标度法(multidimensional scaling,MDS)进行降维处理,然后绘制散点图。

　　MDS 是一种在低维空间展示"距离"的多元数据分析技术,实现的原理是尝试找到一组低维坐标(这里是二维)来代表原始更高维数据集中数据点之间的距离(这里指从十三维计算出来的成对欧氏距离)。MDS 要解决的问题是:当 n 个对象中每对对象之间的相似性(或距离)

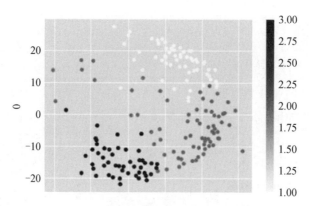

图 8.2　葡萄酒数据集分布的可视化

给定时,确定这些对象在低维空间中的表示,并使其尽可能与原先的相似性(或距离)"大体匹配",使得由降维引起的任何变形达到最小。多维空间中排列的每一个点代表一个对象,因此点间的距离与对象间的相似性高度相关。也就是说,两个相似的对象由多维空间中的两个距离相近的点表示,而两个不相似的对象则由多维空间两个距离较远的点表示。

其数学描述为:对于多维空间下的距离矩阵 $\boldsymbol{D}=(d_{ij})$,多维标度法的目的是要寻找维数 p 和 p 维空间 R_p 中的 n 个点 $x_1,\cdots,x_n$,用 $\hat{d}_{ij}$ 表示 x_i 与 x_j 之间的欧氏距离 $\hat{\boldsymbol{D}}=(\hat{d}_{ij})$,使得 $\hat{\boldsymbol{D}}$ 与 $\boldsymbol{D}$ 在某种意义下相近。本例中,p 的值为 2。

需要注意的是,图中坐标没有什么意义,点之间的相对位置是有意义的。

【例 8.4】　现有沪深两市证券交易所的部分股票数据(图 8.3),包括 10 只股票 6 个月的日交易信息。首先进行必要的数据清洗和变换,如对日期列进行类型转换,并对整个数据集重建索引等,然后求出其皮尔森相关系数,从而确定股票之间的相关性,最后采用热力图可视化结果。

	ts_code	trade_date	open	high	low	close	pre_close	change	pct_chg	vol	amount
0	000001.SZ	20230824	11.29	11.32	11.05	11.13	11.25	-0.12	-1.0667	1291270.70	1439197.084
1	002240.SZ	20230824	23.59	23.95	23.43	23.44	23.41	0.03	0.1282	126307.87	299066.916
2	002380.SZ	20230824	18.51	18.84	18.35	18.40	18.50	-0.10	-0.5405	34243.00	63472.512
3	300438.SZ	20230824	38.20	38.58	37.60	38.04	37.66	0.38	1.0090	69401.93	264791.769
4	300457.SZ	20230824	23.61	24.44	23.31	24.07	23.35	0.72	3.0835	220621.93	529188.676

图 8.3　股票数据记录示例

代码如下所示:

```
#读取股票日交易数据
df = pd. read_excel("st. xlsx")
df. head()
#trade_date 列处理成年月日
import datetime
df. trade_date = df. trade_date. astype(str)
```

```
df. trade_date = df. trade_date. apply( lambda x：datetime. datetime( int( x[ :4]),int( x[4:
6]),int( x[6:8]))))
df_pivot = df. pivot('ts_code','trade_date','close'). reset_index()
df_pivot. head()
#计算皮尔森相关系数 corrcoef
import numpy as np
from sklearn. manifold import MDS
correlations = np. corrcoef( np. float64( np. array( df_pivot)[ :,2:]),rowvar=1)
import matplotlib. pyplot as plt
import seaborn as sns
sns. set( font_scale=1. 5)
plt. rcParams[ 'font. sans-serif']=[ 'SimHei']    #用来正常显示中文标签,设置为黑体
plt. rcParams[ 'axes. unicode_minus']=False        #用来正常显示负号
mask=np. zeros_like( correlations )    #生成全 0 矩阵
mask[ np. triu_indices_from( mask)]=True    #取上三角矩阵并设置为 1
plt. figure( figsize=(16,16))
with sns. axes_style("white")：  #设置外观的主题 axes_style()
    ax=sns. heatmap( correlations ,mask=mask ,square=True ,annot=True ,,cmap="Greys")
ax. set_title("股票相关性分析")
plt. show()
```

清洗和变换后的数据如图 8.4 所示。

trade_date	ts_code	2023-01-30 00:00:00	2023-01-31 00:00:00	2023-02-01 00:00:00	2023-02-02 00:00:00	2023-02-03 00:00:00	2023-02-06 00:00:00	2023-02-07 00:00:00	2023-02-08 00:00:00	2023-02-09 00:00:00	...	2023-08-11 00:00:00
0	000001.SZ	15.15	14.99	14.70	14.60	14.32	14.00	14.21	14.04	14.13	...	11.89
1	002240.SZ	42.57	42.74	42.66	41.89	41.85	41.10	41.03	41.36	41.39	...	26.43
2	002380.SZ	19.58	17.62	17.93	18.06	18.32	18.18	18.75	17.65	17.92	...	18.73
3	300438.SZ	75.33	76.04	76.44	74.50	72.95	74.23	72.07	72.05	72.96	...	43.01
4	300457.SZ	19.76	20.14	20.59	20.35	20.13	20.00	20.39	20.40	20.65	...	24.42

图 8.4　清洗和变换后的数据

股票相关性分析结果热力图如图 8.5 所示。

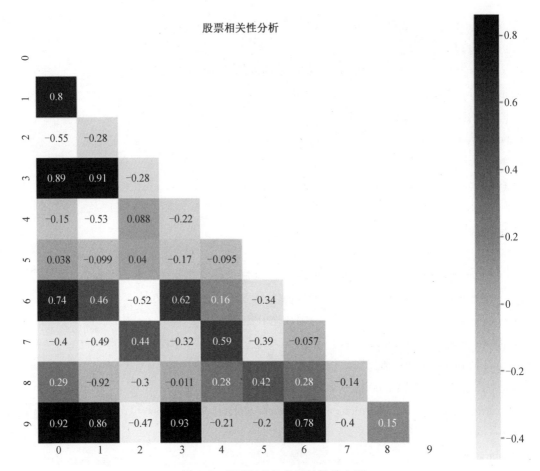

图 8.5   股票相关性分析结果热力图

8.2   文本向量表示及应用

文本(text)与消息(message)的意义大致相同,是指由一定的符号或符码组成的信息结构体。文本是由特定的人制作的,文本的语义不可避免地会反映人的特定立场、观点、价值和利益。因此,由文本内容分析可以推断文本提供者的意图和目的。

文本分析是自然语言处理(natural language processing, NLP)的一个小分支,是文本挖掘、信息检索的一个基本问题,是将非结构化文本数据转换为有意义的数据进行分析的过程,通常是指从文本中抽取特征词进行量化以表示文本信息,即将无结构化的原始文本转化为结构化、高度抽象和特征化、计算机可以识别和处理的信息,进而利用统计和机器学习等算法对文本进行分析处理,具体过程包括词汇分析、分类、聚类、模式识别、标签、注释、信息提取、链接和关联分析、可视化和预测分析等。目前,文本分析在垃圾邮件过滤、产品评论、情感分析、舆情监测、项目推荐、自动摘要、用户兴趣模式发现、知识发现等方面得到了广泛应用。

8.2.1   文本的二元向量表示及应用

给定一个文档,可以用不同方法表示此文档的向量,最简单的一种方式是二元向量表示法，即将每个文档转换为一个二进制向量，用来表示在一段文本中各关键字是否出现(0 或 1)，用二元向量表示文本示例见表 8.3，然后可以通过 Jacard 系数、余弦相似度等方法来计算文本的相似度，或做进一步分析。

表 8.3　用二元向量表示文本示例

文档	Keyword1	Keyword2	Keyword3	…
文档 1	1	1	0	…
文档 2	1	0	1	…

【例 8.5】 以学术会议的论文数据集 Papers. csv 为例(图 8.6)，论文集中共有 398 条记录，分别记录了论文的标题、作者、分组、关键词、标题、摘要信息。下面考虑通过比较它的 keywords 字段内容，查看论文的相似度。

	title	authors	groups	keywords	topics	abstract
0	Kernelized Bayesian Transfer Learning	Mehmet Gönen and Adam A. Margolin	Novel Machine Learning Algorithms (NMLA)	cross-domain learning\ndomain adaptation\nkern...	APP: Biomedical / Bioinformatics\nNMLA: Bayesi...	Transfer learning considers related but distin...
1	"Source Free" Transfer Learning for Text Class...	Zhongqi Lu, Yin Zhu, Sinno Pan, Evan Xiang, Yu...	AI and the Web (AIW)\nNovel Machine Learning A...	Transfer Learning\nAuxiliary Data Retrieval\nT...	AIW: Knowledge acquisition from the web\nAIW: ...	Transfer learning uses relevant auxiliary data...
2	A Generalization of Probabilistic Serial to Ra...	Haris Aziz and Paul Stursberg	Game Theory and Economic Paradigms (GTEP)	social choice theory\nvoting\nfair division\ns...	GTEP: Game Theory\nGTEP: Social Choice / Voting	The probabilistic serial (PS) rule is one of t...
3	Lifetime Lexical Variation in Social Media	Liao Lizi, Jing Jiang, Ying Ding, Heyan Huang ...	NLP and Text Mining (NLPTM)	Generative model\nSocial Networks\nAge Prediction	AIW: Web personalization and user modeling\nNL...	As the rapid growth of online social media att...
4	Hybrid Singular Value Thresholding for Tensor ...	Xiaoqin Zhang, Zhengyuan Zhou, Di Wang and Yi Ma	Knowledge Representation and Reasoning (KRR)\n...	tensor completion\nlow-rank recovery\nhybrid s...	KRR: Knowledge Representation (General/Other)\...	In this paper, we study the low-rank tensor co...

图 8.6　Papers. csv 论文集记录示例

代码及运行结果如下所示：

```
import pandas as pd
df2 = pd.read_csv("Papers.csv",sep=",")
df2.head()
#取所有唯一的关键字，给每个关键字赋一个唯一的索引，并为每一个关键字生成一个新的"keyword_n"名字的列
keywords_mapping = {}
keyword_index = 0
for k in df2.keywords:
    k = k.split('\n')
    for kw in k:
        if keywords_mapping.get(kw,None) is None:
            keywords_mapping[kw]=kw    #'keyword_'+str(keyword_index)
            keyword_index+=1
#将每篇文章中关键字出现的地方置为 1
for (k,v) in keywords_mapping.items():
    df2[v] = df2.keywords.map( lambda x: 1 if k in x.split('\n') else 0 )
```

```
    df2. head( ). iloc[ :,6:]
import sklearn. metrics. pairwise as pairwise
import numpy as np
#夹角余弦
distances = pairwise. pairwise_distances( np. float64( np. array( df2)[ :,6:]),metric ='cosine')
#欧氏距离
distances1 = pairwise. euclidean_distances( np. float64( np. array( df2)[ :,6:]))
#使用 MDS 绘制关键字空间中论文的分布情况
import matplotlib. pyplot as plt
plt. style. use('ggplot')
% matplotlib inline
from sklearn. manifold import MDS
mds_coords = MDS( ). fit_transform( distances)
pd. DataFrame( mds_coords). plot( kind ='scatter',x =1 ,y =0)
    mds_coords1 = MDS( ). fit_transform( distances1)
    pd. DataFrame( mds_coords1). plot( kind ='scatter',x =1 ,y =0)
```

二元向量表示的论文记录如图 8.7 所示。利用夹角余弦计算相似度得到的论文分布如图 8.8 所示。利用欧氏距离计算相似度得到的论文分布如图 8.9 所示。

此例也展示了根据关键字给出的一种论文分组方法。对于分类数据,采用欧氏距离作为度量方法出现了很多重复的值,因此不够合适,而采用夹角余弦则更为恰当。

	cross-domain learning	domain adaptation	kernel methods	transfer learning	variational approximation	Transfer Learning	Auxiliary Data Retrieval	Text Classification	social choice theory	voting	...	search result diversification	Trace Norm Regularization	Belief Change	Desci
0	1	1	1	1	1	0	0	0	0	0	...	0	0	0	
1	0	0	0	0	0	1	1	1	0	0	...	0	0	0	
2	0	0	0	0	0	0	0	0	1	1	...	0	0	0	
3	0	0	0	0	0	0	0	0	0	0	...	0	0	0	
4	0	0	0	0	0	0	0	0	0	0	...	0	0	0	

图 8.7　二元向量表示的论文记录

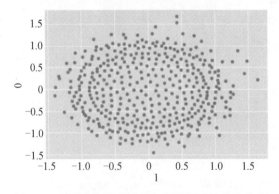

图 8.8　利用夹角余弦计算相似度得到的论文分布

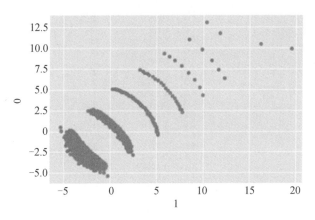

图 8.9　利用欧氏距离计算相似度得到的论文分布

上面用手动计算的方式求得了文本的二元向量,实际上也可以直接调用 Python 包 sklearn. feature_extraction. text 中的类 CountVectorizer,自动提取以 keywords 中各单词为特征的文本向量,但此时得到的向量不是由 0 和 1 构成的,而是由每个单词出现的次数表示各分量的值。代码如下:

```
from sklearn. feature_extraction. text import CountVectorizer
cv = CountVectorizer( )
count_vect_sparse = cv. fit_transform( df2. keywords)
print( count_vect_sparse)
```

因为 count_vect_sparse 为稀疏矩阵,所以 Python 采用了压缩的方式进行存储,压缩方式存储的稀疏矩阵如图 8.10 所示。

count_vect_sparse. toarray( )可以将其转换为非压缩方式,cv. get_feature_names( )可以获取提取的特征名称。

下面代码计算相似度并利用 MDS 绘制论文分布图(图 8.11)。

```
import sklearn. metrics. pairwise as pairwise
import numpy as np
#夹角余弦
distances =
pairwise. pairwise_distances( np. float64( count_vect_sparse. toarray( ) ), metric = 'cosine')
#使用 MDS 绘制关键字空间中论文的分布情况
import matplotlib. pyplot as plt
plt. style. use( 'ggplot')
% matplotlib inline
from sklearn. manifold import MDS
mds_coords = MDS( ). fit_transform( distances)
pd. DataFrame( mds_coords). plot( kind = 'scatter', x = 1, y = 0)
```

```
(0,    266)        1
(0,    353)        2
(0,    621)        2
(0,    19)         1
(0,    598)        1
(0,    690)        1
(0,    1158)       1
(0,    1199)       1
(0,    65)         1
(1,    621)        1
(1,    1158)       1
(1,    88)         1
(1,    276)        1
(1,    948)        1
(1,    1131)       1
(1,    166)        1
(2,    1043)       2
(2,    158)        1
(2,    1136)       1
(2,    1214)       1
(2,    438)        1
(2,    348)        1
(2,    287)        1
(2,    987)        1
(3,    1043)       1
  :      :
(394,  347)        1
(394,  1147)       1
(395,  643)        1
(395,  914)        1
(395,  153)        1
(395,  755)        1
```

图 8.10   压缩方式存储的稀疏矩阵

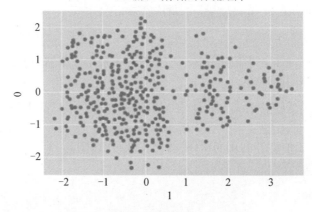

图 8.11   关键字空间中论文的分布图

8.2.2   基于 NLTK 的文本特征提取及应用

1. NLTK 工具包简介

自然语言处理工具包(natural language toolkit,NLTK)是 NLP 研究领域常用的一个 Python 库,是由宾夕法尼亚大学的 Steven Bird 和 Edward Loper 在 Python 的基础上开发的一个模块,创建于 2001 年,至今已有超过十万行的代码。NLTK 也是一个开源项目,包含数据集、Python 模块和相关的教程等,所有这些都可以从 https://www.nltk.org/上免费下载。如今,它已被几十所大学的课程采纳,并作为许多研究项目的基础。语言处理任务与相应 NLTK 模块及功能描述见表 8.4。

表 8.4　语言处理任务与相应 NLTK 模块及功能描述

语言处理任务	NLTK 模块	功能
访问语料库	corpus	语料库与词典的标准化接口
字符串处理	tokenize, stem	分词、分句、提取主干
搭配的发现	collocations	t-检验、卡方、点互信息 PMI
词性标注	tag	n-gram、backoff、Brill、HMM、TnT
机器学习	classify, cluster, tbl	决策树、最大熵、贝叶斯、KMeans
分块	chunk	正则表达式、n-gram、命名实体
解析	parse, ccg	图表、基于特征、一致性、概率、依赖
语义解释	sem, inference	γ 演算、一阶逻辑、模型检验
指标评测	metrics	精度、召回率、协议系数
概率和估计	probability	频率分布、平滑概率分布
应用	app, chat	图形化的语料库检索工具、分析器、WordNet 查看器、聊天机器人
语言学领域的工作	toolbox	处理 SIL 工具箱格式的数据

nltk 的安装十分便捷,只需要在 Windows 命令行窗口运行 pip install nltk 命令即可。

在 nltk 中集成了语料与模型等的包管理器,在 Python 解释器中执行:

```
import nltk
nltk.download()
```

弹出图 8.12 所示的 NLTK 包管理界面,在管理器中可以下载语料、预训练的模型等。

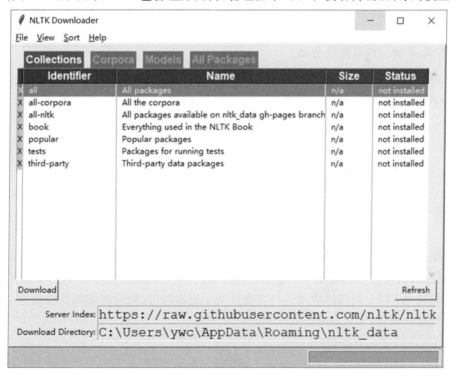

图 8.12　NLTK 包管理界面

2. 文本预处理

在获取语料之后,通常要进行文本预处理。英文的预处理包括字母大小写处理、分词、去停用词、提取词干等步骤。中文的分词相对于英文更复杂一些,也需要去停用词。但没有提取词干的需要。

(1)去停用词。

对于英文去停词的支持,在 corpus 模块下包含了一个 stopword 的停词库。因此,下载时可以直接下载需要的语料库 punkt 和停用词 stopwords,代码如下:

nltk. download('stopwords')

nltk. download('punkt')

其中的 punkt 提供了独立于语言的、无监督的句子边界检测方法,nltk 分词时用到此包。punkt 包下载慢,经常下载失败。

(2)提取词词干。

nltk 提供了 PorterStemmer 和 LancasterStemmer 两个类用于提取词干,另外还提供了 Word-NetLemmatizer 做词形归并。Stemmer 通常基于语法规则使用正则表达式来实现,处理的范围广,但过于死板。而 Lemmatizer 采用基于词典的方式来解决,因此更慢一些,处理的范围与词典的大小有关。例如:

```
porter = nltk. PorterStemmer( )
porter. stem('lying') #'lie'
lema = nltk. WordNetLemmatizer( )
lema. lemmatize('women')     #'woman'
```

3. 应用示例——垃圾短信分类

本案例使用公共数据集 SMSSpamCollection 来完成垃圾短信分类的任务。SMSSpamCollection 短信数据集形式示例如图 8.13 所示。

	label	text
0	ham	Go until jurong point, crazy.. Available only ...
1	ham	Ok lar... Joking wif u oni...
2	spam	Free entry in 2 a wkly comp to win FA Cup fina...
3	ham	U dun say so early hor... U c already then say...
4	ham	Nah I don't think he goes to usf, he lives aro...

图 8.13　SMSSpamCollection 短信数据集形式示例

其中,ham 表示非垃圾邮件,spam 表示垃圾邮件。目的是通过从垃圾广告消息中识别出典型的模式,由此将可能获得一个智能的过滤器,从而自动从用户收件箱中将这些垃圾邮件滤除。首先利用 NLTK 对邮件数据进行清洗并从中提取特征,然后用聚类算法做进一步分析。

分析邮件信息,存在如下的几个问题:

(1)大小写字母的问题;

(2)很多通用的单词(如 to、he、the)反映的消息较少,因此需要去除停用词(stopwords);

(3)同词根的词,表现形式不同,如 larger 和 largest,实际上含义都是 large,即需要提取词干。

这几项通常是英文的文本数据清洗要考虑的基本问题,处理代码如下所示:

```
import pandas as pd
from sklearn. feature_extraction. text import TfidfVectorizer
from sklearn. feature_extraction. text import CountVectorizer
import nltk
from nltk. tokenize import word_tokenize
from nltk. corpus import stopwords


#转换为小写
def clean_text(input):
    return "".join([i.lower() for i in input])


#提取词干,同时去除停用词
def stem_text(input):
    return "".join([nltk. stem. porter. PorterStemmer(). stem(t) for t in word_tokenize(input)
if t not in stop_words])


#调入停用词
stop_words = stopwords. words('english')


#读取文件
sms = pd. read_csv('SMSSpamCollection', sep = '\t', header = None)
sms. columns = ['label','text']
sms. head()
sms. text = sms. text. map(lambda x:clean_text(x))
sms. text = sms. text. map(lambda x:stem_text(x))
```

经过上述两步后,提取词干及去停后的短信数据集如图 8.14 所示。

可以看到,joke 已经从 joking 中提取出来了,avail 也从 available 中提取出来了。目前的文本消息已经具备了相对整洁的形式,可以继续从中生成特征,为预测建模做准备。

尽管去除了停用词,但仍然会有些单词可能对于所有消息来说是通用的,也就是说这些词不能提供任何有效信息来区分是否为垃圾短信。为解决这个问题,不再简单地记录某个单词出现或不出现,抑或记录出现的次数,而是将单词在某个文档中出现的次数(频率)与所有文档中该词出现的频率进行比较,即采用 TF-IDF 方法表征邮件信息。

	label	text
0	ham	go jurong point , crazi .. avail bugi n great ...
1	ham	ok lar' ... joke wif u oni ...
2	spam	free entri 2 wkli comp win fa cup final tkt 21...
3	ham	u dun say earli hor .. u c alreadi say ...
4	ham	nah n't think goe usf , live around though
...	...	...
5567	spam	2nd time tri 2 contact u. u £750 pound prize ...
5568	ham	ü b go esplanad fr home ?
5569	ham	piti , * mood ... suggest ?
5570	ham	guy bitch act like 'd interest buy someth els ...
5571	ham	rofl . true name

图 8.14　提取词干及去停后的短信数据集

```
sms = sms[ :200] #取一个子集进行处理
from sklearn. feature_extraction. text import TfidfVectorizer
tf_idf = TfidfVectorizer( ). fit_transform( sms. text)
tf_idf
```

短信数据集的 TF-IDF 表示如图 8.15 所示。

```
print(tf_idf)
  (0, 910)    0.25618819872849324
  (0, 107)    0.2923028513098 1143
  (0, 385)    0.20348133285521636
  (0, 215)    0.27117713382316777
  (0, 181)    0.2923028513098 1143
  (0, 484)    0.2923028513098 1143
  (0, 942)    0.27117713382316777
  (0, 392)    0.2270308562085656
  (0, 182)    0.2923028513098 1143
  (0, 134)    0.2923028513098 1143
  (0, 253)    0.2923028513098 1143
  (0, 665)    0.25618819872849324
  (0, 473)    0.2923028513098 1143
  (0, 378)    0.17500507755249164
  (1, 625)    0.5199040643937635
  (1, 924)    0.45566878725890164
  (1, 470)    0.4349896468663139
  (1, 488)    0.45566878725890164
  (1, 621)    0.3538582817767145
  (2, 9)      0.2060359261568733
  (2, 123)    0.1911450116530127
  (2, 688)    0.1911450116530127
```

图 8.15　短信数据集的 TF-IDF 表示

　　默认情况下,结果是一个稀疏向量,这意味着只有那些非零值存储在内存中。为计算这个向量的大小,需要将其转换回一个密集向量(包括零在内的所有元素都存储在内存中)。

　　下列代码完成转换并绘制处理后的邮件,处理后的短信向量分布图如图 8.16 所示。

```
% matplotlib inline
from sklearn. manifold import MDS
import sklearn. metrics. pairwise as pairwise
import numpy as np
distances = pairwise. pairwise_distances(tf_idf. toarray( )[ :200], metric = 'cosine') #夹角余弦
```

```
sms1 = tf_idf. toarray( ) [ :200 ]
mds_coords2 = MDS( ). fit_transform( distances )
dfk = pd. DataFrame( mds_coords2 )
list1 = [ ]
for t in sms[ 'label' ] [ :200 ]:
    if   t = = 'ham':
        list1. append( 5 )
    else:
        list1. append( 40 )
dfk[ 'label' ] = list1
dfk. plot( kind = 'scatter', x = 1, y = 0, color = dfk. label[ : ], colormap = 'Dark2_r' )
```

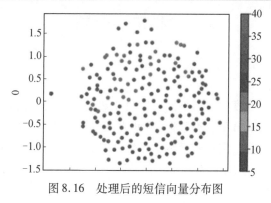

图 8.16　处理后的短信向量分布图

聚类分析如下：

```
from nltk. cluster. kmeans import KMeansClusterer
#KMeans 聚类
kmeans = KMeansClusterer( num_means = 2, distance = nltk. cluster. util. cosine_distance )
kmeans. cluster( sms1 )
#聚类后每个样本的分类结果
labpre = [ kmeans. classify( i )  for i in sms1 ]
kmeanslab = sms[ [ 'label', 'text' ] ] [ :200 ]
kmeanslab[ 'cosd_pre' ] = labpre
#正确分类的样本
df1 = kmeanslab[ ( kmeanslab. label = = 'spam' ) & ( kmeanslab. cosd_pre = = 1 )
                | ( kmeanslab. label = = 'ham' ) & ( kmeanslab. cosd_pre = = 0 ) ]

#计算分类结果的评分
print( len( df1 )/len( sms1 ) )
```

结果是 0.79。

本 章 小 结

本章主要介绍了一种常见的数据类型的分析方法——文本数据的分析。文本分析是 NLP 的一个小分支,是文本挖掘、信息检索的一个基本问题。本章首先总结了几种常见的距离度量与相似性度量方法,并重点举例介绍了其中的欧氏距离度量方法和皮尔森相关系数度量方法,并使用 MDS 和热力图展示分析结果,MDS 也是一种在低维空间展示高维空间中不同样本"距离"的多元数据分析技术。本章介绍的度量方法有的适用于数值型数据,有的适用于分类数据,其中的 TF-IDF 模型主要用于文本数据的分析度量。在文本分析中主要介绍了基本的二元向量表示法和 TF-IDF 表示法,最后基于 NLTK 工具包,通过垃圾短信分类案例,详细介绍了常见的文本特征提取的过程及分析方法。

课 后 习 题

一、问答题

1. 距离度量和相似性度量有何不同? 常见距离度量方法和相似性度量方法有哪些?
2. 哪些度量方法更适合于分类数据,哪些更适合于数值型数据?
3. 皮尔森相关系数法与斯皮尔曼相关系数法有何区别,两种方法使用的要点是什么?
4. TF-IDF 模型的主要思想是什么?
5. 如何表示文本数据的二元向量或频次向量?
6. 利用 NLTK 分析工具,如何实现对一段英文文本的数据预处理和特征提取?

二、操作实践

已知论文数据集(papers.csv)示例如图 8.17 所示,数据集中包含了大量中文文章的标题(title)、作者(authors)、摘要(abstract)、发表时间(time)和发表期刊(journals)信息。现在要求基于摘要实现文章的相似性对比分析,请给出 Python 语言实现的代码。

title	authors	abstract	time	journals
数据库系统参数调优方法综述	曹蓉；鲍亮；崔江涛；李辉；周恒	数据库系统具有大量的配置参数,参数配置不同会导致系统运行时很大的性能差异。参数优化技术通过选择合适的参数配置,能够提升数据库对当前场景的适应性,因此得到国内外研究人员的广泛关注。通过对现有的数据库参数调优方法进行总结分析,根据参数优化方法是否具有应对环境变化的能力,将现有工作分为固定环境下的数据库参数优化方法和变化环境下的数据库参数优...	2022/5/7	计算机研究与发展
学习索引:现状与研究展望	张洲；金培权；谢希科	索引是数据库系统中用于提升数据存取性能的主要技术之一。在大数据时代,随着数据量的不断增长,传统索引(如B+树)的问题日益突出:(1)空间代价过高。例如,B+树需要借助O(n)规模的额外空间来索引原始的数据,这对于大数据环境而言是难以容忍的。(2)每次查询需要多次的间接索引。例如,B+树中的每次查询都需要访问从树根到叶节点路径上的所有节点,这使得B+树的...	2021/4/8	软件学报
数据库内AI模型优化	钮泽平；李国良	在大量变化着的数据中,数据分析师常常只关心预测结果为特定值的少量数据。然而,利用机器学习模型进行推理的工作流程中,由于机器学习算法库默认以单表方式组织,用户必须先通过SQL语句查询出全部数据,即使随后在模型推理过程中会将大量数据丢弃。指出了在这个过程中,如果可以预先从模型中提取信...	2021/3/11	软件学报
支撑机器学习的数据管理技术综述	崔建伟；赵哲；杜小勇	应用驱动创新,数据库技术就是在支持主流应用的提质降本增效中发展起来的。从OLTP、OLAP到今天的在线机器学习建模不知此,机器学习是当前人工智能技术落地的主要途径,通过对数据进行建模并提取知识、实现预测分析。从数据管理的视角将机器学习训练过程进行解构和建模,从数据选择、数据存储、数据存取...	2021/3/11	软件学报

图 8.17 论文数据集(papers.csv)示例

第 9 章

PySpark 数据处理及分析

到目前为止,主要关注的是在单台计算机上进行处理和分析的数据集。而对于大型数据集来说,往往需要通过分布式系统来存储和访问,如用 HDFS 或 Amazon S3 存储数据。在 Python 中,用开源分布式计算框架 PySpark 处理数据。第 3 章介绍了 Spark,PySpark 是 Spark 的 Python 实现。PySpark 使用了 RDD 的抽象来处理并行的对象集合,使得可以如同访问单个计算机一样访问一个分布式的数据集。本章将介绍 RDD 的数据操作功能,利用 PySpark 进行数据分析的方法,以及 PySpark 的 Spark-Streaming 流数据处理技术结合 Kafka 如何实现实时计算。

9.1　PySpark 数据基本操作

Spark 进行数据操作的部件主要包括两部分:Spark Core 和 Spark SQL。Spark Core 包含 Spark 的主要基本功能,所有与 RDD 有关的 API 都出自 Spark Core。Spark SQL 是 Spark 中用于结构化数据处理的软件包,用户可以在 Spark 环境下使用 SQL 语言操作有数据结构的 RDD,即 Spark DataFrame。

9.1.1　RDD 算子

第 3 章简单介绍了 RDD 的概念和工作原理,了解到在 Spark 运行期间,RDD 分布在不同的集群节点的内存中,可以理解为 RDD 是一个大的数组,数组的每一个元素就是 RDD 的一个分区。RDD 是不能被修改的,但是可以通过 API 变换成新的 RDD。RDD 的操作(又称算子)有以下两类。

(1)变换(Transformations)。

变换为懒执行的操作,包括 map、flatMap、groupByKey、reduceByKey 等,只是一些指令集,不会马上执行,需要有 Actions 操作时才会真正计算出结果。

(2)动作(Actions)。

动作为立即执行的操作,包括 count、take、collect 等,会返回结果,或将 RDD 数据输出。

这些操作实现了 MapReduce 的基本函数 map、reduce 及其计算模型。下面首先介绍 PySpark 的启动和 RDD 类型,然后通过示例介绍 RDD 算子的使用。

1. PySpark 启动

在 Spark 2.0 之前,SparkContext 是 Spark 的主要切入点,驱动器(driver)通过 SparkContext 连接到集群(通过 resource manager)。在 Spark 2.0 之前,RDD 是 Spark 的基础,RDD 是通过 SparkContext 来创建和操作的。在这种情况下,如果需要建立 SparkContext,则需要 SparkConf,通过 Conf 来配置 SparkContext 的内容。代码如下:

```
from pyspark import SparkConf,SparkContext
conf=SparkConf( ).setAppName('app').setMaster('local')
sc=SparkConftext(conf=conf)
```

其中,setAppName( )是此程序在集群上的名字;setMaster( )是此程序的 Spark 运行模式;'local' 表示本地模式。

写一个下面的例子,创建一个 SparkContext 对象,并统计一个文件中的行数:

```
import findspark
findspark.init( )
from pyspark import SparkContext
logFile=r" C:\Users\Administrator\Desktop\README.md"
sc=SparkContext("local","first app")
logData=sc.textFile(logFile).count( )
print(logData)
```

另外一种在 Python 中启动并使用 Spark 的方法如下:

```
import os
import sys
spark_h=os.environ.get('SPARK_HOME',None)
if not spark_h:
    raise ValueErrorError('spark 环境没有配置好')
sys.path.insert(0,os.path.join(spark_h,'python'))
sys.path.insert(0,os.path.join(spark_h,'python/lib/py4j-0.10.8.1-src.zip'))
exec(open(os.path.join(spark_h,'python/pyspark/shell.py')).read( ))
```

注意,pyspark shell 本身就是 Spark 应用的 driver 程序,在交互式 Shell 下运行时,将自动生成一个 SparkContext 的实例 sc,一旦获得此 sc ,driver 就可以访问 spark,因此 sc 可以看成 driver 对计算机集群的连接。

上述为 Spark 2.0 之前的启动方法,在 Spark 2.0 之后引入了新的数据结构,即 DataFrame 和 DataSet。此外,还有一些其他的 API,都需要使用不同的 Context。例如,对于 Streaming,需要使用 StreamingContext;对于 SQL,需要使用 SqlContext;对于 Hive,需要使用 HiveContext。但是,随着 DataSet 和 DataFrame 的 API 逐渐成为标准的 API,就需要为它们建立接入点。因此,在 Spark 2.0 中引入 SparkSession 作为 DataSet 和 DataFrame API 的切入点,SparkSession 封装了 SparkConf、SparkContext 和 SQLContext。为向后兼容,SQLContext 和 HiveContext 也被保留下来。

SparkSession 实质上是 SQLContext 和 HiveContext 的组合（未来可能还会加上 StreamingContext），所以在 SQLContext 和 HiveContext 上可用的 API 在 SparkSession 上同样是可用的。SparkSession 内部封装了 SparkContext，所以计算实际上是由 SparkContext 完成的。创建 SparkSession 的代码如下：

```
spark = SparkSession. builder. appName('testSQL')
                    . config('spark. some. config. option','some-value')
                    . getOrCreate()
sc =spark. sparkContext #获取 sparkcontext
sqlContext = spark. sqlContext #获取 sqlcontext
```

2. 常用的 RDD 类型

（1）并行集合。

并行集合来自于分布式化的数据对象，如下面的 list 对象，或用户自己键入的数据。并行化 RDD 通过调用 sc 的 parallelize 方法，在一个已经存在的数据集合上创建。集合的对象将会被拷贝，创建出一个可以被并行操作的分布式数据集。例如，下面的代码演示了如何用 Python 中的 list 创建一个并行集合，默认放在一个分区内。注意：一个 CPU 可以设置 2 ~ 4 个分区。

【例 9.1】　创建并行集合。

```
lis=[1,2,3,4,5,6]
print(type(lis))
vec =sc. parallelize(lis)
print(type(vec))
print(vec. collect())
```

（2）文件系统数据集。

Spark 可以将任何 Hadoop 支持的存储资源转换成 RDD，如本地文件、HDFS、MongoDB、HBase、Amazon S3 等，文件格式包括文本文件格式（textFile）、SequenceFiles 和任何 Hadoop InputFormat格式。下面使用文件系统集读取 textFile 数据。首先在/user/hadoop 中上传一个文件，如 film. csv，然后用. textFile 方法加载一个文件并创建 RDD。注意，textFile 的参数是一个 path，此 path 可以是：

①一个文件路径，此时只装载指定的文件；

②一个目录路径，此时只装载指定目录下面的所有文件（不包括子目录下面的文件）；

③通过通配符的形式加载的多个文件或加载的多个目录下面的所有文件。

例如：

```
rows = sc. textFile('/user/hadoop/hello. txt')
rows = sc. textFile('/user/hadoop/ * ')
```

默认是从 HDFS 中读取文件，也可以指定 sc. textFile("路径")，在路径前面加上 hdfs：//表示从 HDFS 文件系统读，在路径前面加上 file：//表示从本地文件系统读，如 file：//home/user/spark/hello. txt。

3. RDD 变换算子及示例

变换算子包括 count(计数)、collect(取数据)、filter(过滤)、map(映射)、reduce(归并)、join(连接)、groupBy(分组)等。

(1)parallelize( )、count( )和 glom( )。

返回 RDD 中元素的个数。

【例 9.2】 统计元素个数。

```
sc = spark.sparkContext
intRDD = sc.parallelize([1, 2, 3, 4, 5],2)
print(intRDD.collect())
print(intRDD.glom().collect())
counts = intRDD.count()
print("Number of elements in RDD -> %i" % counts)
```

结果显示如下:

[1, 2, 3, 4, 5]

[[1, 2], [3, 4, 5]]

Number of elements in RDD -> 5

说明:parallelize( )函数将一个 list 列表转化成一个 RDD 对象,collect( )函数将这个 RDD 对象转化为一个 list 列表。parallelize( )函数的第二个参数表示分区数,默认是 1,此处为 2,表示将列表对应的 RDD 对象分为两个区。glom( )函数显示出 RDD 对象的分区情况,可以看出分了两个区,如果没有 glom( )函数,则不显示分区,如第一行结果所示。

(2)collect( )。

返回 RDD 中的所有元素,即转换为 Python 中的数据类型,一般元素少时才会使用。collect 的读取相当于从所有分布式机器上把数据拉下来放在本地展示。这个操作一方面把分布式变成了单机操作,失去了分布式的意义;另一方面就是存放本地会消耗相当一部分的内存,当 RDD 很大时,内存溢出会直接导致程序卡死。因此,如果只想查看数据格式,则用 take 取样即可。但如果一定要做相关执行,可以把 RDD 中需要处理的数据部分用 Map 提出来,collect( )从一定程度上减少内存的使用。

【例 9.3】 返回 RDD 中的所有元素。

```
from pyspark import SparkContext
sc = SparkContext("local", "collect app")
words = sc.parallelize(["scala", "java", "hadoop", "spark", "spark vs hadoop", "pyspark"])
coll = words.collect()
print("Elements in RDD -> %s" % coll)
```

(3)filter( )。

返回一个包含元素的新 RDD,它满足过滤器内部的功能。在下面的示例中过滤掉包含"spark"的字符串。

【例9.4】　RDD 过滤操作。

```
from pyspark import SparkContext
sc = SparkContext("local", "Filter app")
words = sc. parallelize ( [ "scala", "java", "hadoop", "spark", "spark vs
hadoop", "pyspark"])
words_filter = words. filter(lambda x: 'spark' in x)
filtered = words_filter. collect()
print("Fitered RDD -> % s" % (filtered))
```

（4）map（）。

通过将该函数应用于 RDD 中的每个元素来返回新的 RDD。在下面的示例中形成一个键值对,并将每个字符串映射为值1。

【例9.5】　RDD 映射操作。

```
from pyspark import SparkContext
sc = SparkContext("local","Map app")
words = sc. parallelize(["scala","java","hadoop","spark","spark vs hadoop","pyspark"])
words_map = words. map(lambda x: (x, 1))
mapping = words_map. collect()
print("Key value pair -> % s" % (mapping))
```

（5）reduce（）。

归并函数,执行指定的二元操作后,返回 RDD 中的元素。在下面的示例中从运算符中导入 add 包并将其应用于"num"以执行简单的加法运算。其与 Python 的 reduce 一样:假如有一组整数[x1,x2,x3],利用 reduce 执行加法操作 add,对第一个元素执行 add 后,结果为 sum = x1,然后将 sum 和 x2 执行 add,sum=x1+x2,最后将 x2 和 sum 执行 add,此时 sum=x1+x2+x3。

【例9.6】　RDD 归并操作。

```
from pyspark import SparkContext
from operator import add
sc = SparkContext("local", "Reduce app")
nums = sc. parallelize([1, 2, 3, 4, 5])
adding = nums. reduce(add)
print("Adding all the elements -> % i" % (adding))
```

（6）join（）。

返回 RDD,其中包含一对带有匹配键的元素及该特定键的所有值。

【例 9.7】 RDD 连接操作。

```
from pyspark import SparkContext
sc = SparkContext("local", "Join app")
x = sc. parallelize([("spark", 1), ("hadoop", 4)])
y = sc. parallelize([("spark", 2), ("hadoop", 5)])
joined = x. join(y)
final = joined. collect()
print("Join RDD -> %s" % (final))
```

(7) groupBy()。

goupBy 运算按照传入匿名函数的规则,将数据分为多个 Array。例如,下面的代码将 intRDD 分为偶数和奇数。

【例 9.8】 RDD 分组操作。

```
sc = spark. sparkContext
intRDD = sc. parallelize([1, 2, 3, 4, 5])
result = intRDD. groupBy(lambda x : x % 2). collect()
print(sorted([(x, sorted(y)) for (x, y) in result]))
```

结果显示如下:

[(0, [2, 4]), (1, [1, 3, 5])]

4. RDD 动作算子及示例

(1)读取元素的算子。

读取元素的算子包括命令 first、take、takeOrdered 等用于读取 RDD 内元素的算子,这是 Actions 运算,所以会马上执行。

【例 9.9】 读取 RDD 元素操作。

```
#取第一条数据
print(intRDD. first())
#取前两条数据
print(intRDD. take(2))
#升序排列,并取前三条数据
print(intRDD. takeOrdered(3))
#降序排列,并取前三条数据
print(intRDD. takeOrdered(3, lambda x:-x))
#取最大的前三个元素
print(intRDD. top(3))
```

(2)统计类的算子。

统计类的算子可以将 RDD 内的元素进行统计运算,将返回一些常见统计指标的值。

【例 9.10】　RDD 元素统计操作示例。

```
#统计
print（intRDD. stats（））
#最小值
print（intRDD. min（））
#最大值
print（intRDD. max（））
#标准差
print（intRDD. stdev（））
#计数
print（intRDD. count（））
#求和
print（intRDD. sum（））
#平均
print（intRDD. mean（）
```

（3）持久化存储算子。

持久化存储算子可以将需要重复运算的 RDD 存储在内存中，以便大幅提升运算效率。默认情况下在 RDD 上使用 Action 时，Spark 会重新计算刷新 RDD，使用了持久化方法后，可以将 RDD 放在内存中，这样第二次在 RDD 上使用 Action 时，Spark 不会重新计算刷新 RDD。

持久化存储算子主要有以下两类函数。

①persist（）或 cache（）。使用 persist 函数对 RDD 进行持久化。

②unpersist（）。使用 unpersist 函数对 RDD 进行去持久化。

例如：

```
kvRDD1. persist（）
kvRDD1. unpersist（）
```

5. 综合示例

以单词统计（WordCount）为例，在 Spark 中，同样以 MapReduce 形式按照两个阶段完成。在 Map 阶段把输入的大数据文件切片首先处理成 key-value 对的形式，然后对每一个 key-value 对调用 Map 任务，通过 Map 任务处理成新的 key-value 对；在 Reduce 阶段完成分组、排序、汇总统计，最终输出键值对的数据集。

【例 9.11】　实现 WordCount 程序代码。

```
from pyspark. sql import SparkSession
spark＝SparkSession. builder. master（"local"）. appName（"wordCount"）. getOrCreate（）
sc＝spark. sparkContext
files＝sc. textFile（"hdfs：//mylinux-virtual-machine：9000/words. txt"）
```

```
flatmap_files = files. flatMap( lambda x:x. split( " " ) )
map_files = flatmap_files. map( lambda x:( x,1) )
freduce_map = map_files. reduceByKey( lambda x,y:x+y)
print( reduce_map. collect( ) )
```

本示例中部分函数解释如下。

（1）map（）。将文件每一行进行操作，数量不会改变。

（2）flatMap（）。将所有元素进行操作，数量只会大于或等于初始数量。

（3）reduceByKey（）。对元素为键值对的 RDD 中 Key 相同元素的 Value 进行 reduce 操作。因此，Key 相同的多个元素的值被 reduce 为一个值，然后与原 RDD 中的 Key 组成一个新的键值对，即完成去键重的功能。

9.1.2　DataFrame 基本操作

在 PySpark 中，除 RDD 外，还有 DataFrame 数据格式。它们之间的差别在于：DataFrame 比 RDD 的速度快。对于结构化数据，使用 DataFrame 编写的代码更简洁；对于非结构化数据，建议先使用 RDD 处理成结构化数据，然后转换成 DataFrame。在 DataFame 中的操作包括读写 CSV 文件、查询、统计、创建、删除、去重、格式转换、SQL 操作等几方面。

下面的示例仍然以前面章节中使用的电影数据集为例，假设已经将其转换为 CSV 格式，因此首先在 PySpark 中加载该数据集，然后进行相关操作。

1. 加载数据

```
from pyspark. sql import SparkSession
spark = SparkSession. builder. appName( ´pyspark DataFrame´). getOrCreate( )
df = spark. read. csv( ´film. csv´,inferSchema = True,header = True )
print( df. count( ) )
```

结果显示如下：

38738

```
df. show( 5)
```

名字	投票人数	类型	产地	上映时间	时长	年代	评分	首映地点
肖申克的救赎	692795	剧情/犯罪	美国	1994-09-10 00:00:00	142.0	1994	9.6	加拿大
控方证人	42995	剧情/悬疑/犯罪	美国	1957-12-17 00:00:00	116.0	1957	9.5	美国
美丽人生	327855	剧情/喜剧/爱情	意大利	1997-12-20 00:00:00	116.0	1997	9.5	意大利
阿甘正传	580897	剧情/爱情	美国	1994-06-23 00:00:00	142.0	1994	9.4	美国

2. 数据查询

（1）数据结构查询。

```
df. printSchema( )
```

结果显示如下：

```
root
 |— 名字: string (nullable = true)
 |— 投票人数: integer (nullable = true)
 |— 类型: string (nullable = true)
 |— 产地: string (nullable = true)
 |— 上映时间: string (nullable = true)
 |— 时长: double (nullable = true)
 |— 年代: integer (nullable = true)
 |— 评分: double (nullable = true)
 |— 首映地点: string (nullable = true)
```

df. dtypes

结果显示如下:

```
[('名字', 'string'),
 ('投票人数', 'int'),
 ('类型', 'string'),
 ('产地', 'string'),
 ('上映时间', 'string'),
 ('时长', 'double'),
 ('年代', 'int'),
 ('评分', 'double'),
 ('首映地点', 'string')]
```

（2）记录查询。

list = df. head(3) #等同于 df. take(3),显示前三条记录
print(list)

结果显示如下:

```
[Row(名字='肖申克的救赎', 投票人数=692795, 类型='剧情/犯罪', 产地='美国', 上映时间='1994-09-10 00:00:00', 时长=142.0, 年代=1994, 评分=9.6,
首映地点='加拿大'), Row(名字='控方证人', 投票人数=42995, 类型='剧情/悬疑/犯罪', 产地='美国', 上映时间='1957-12-17 00:00:00', 时长=116.0,
年代=1957, 评分=9.5, 首映地点='美国'), Row(名字='美丽人生', 投票人数=327855, 类型='剧情/喜剧/爱情', 产地='意大利', 上映时间='1997-12-20 0
0:00:00', 时长=116.0, 年代=1997, 评分=9.5, 首映地点='意大利')]
```

df. count() #查询记录总数

结果显示如下:

38738

#select():选择某列或某几列数据,用 alias()对列重命名
df2 = df. select(df. 名字. alias("name"),df. 产地. alias('place')). show(5)

结果显示如下:

```
+----------+------+
|      name| place|
+----------+------+
|肖申克的救赎|  美国|
|    控方证人|  美国|
|    美丽人生|意大利|
|    阿甘正传|  美国|
+----------+------+
only showing top 5 rows
```

```
#选择满足指定条件的数据
df. where((( df. 产地=='中国') & ( df. 评分>9.0)). show(5)
```

结果显示如下：

```
|      名字|投票人数|      类型|产地|          上映时间| 时长|年代|评分|首映地点|
+--------+--------+--------+----+-------------------+-----+----+----+--------+
|大闹天宫|   74881|动画/奇幻|中国|1905-05-14 00:00:00|114.0|1961| 9.2|    中国|
|窃顶之下|   51113|    纪录片|中国|2015-02-28 00:00:00|104.0|2015| 9.2|    中国|
|    茶馆|   10678|剧情/历史|中国|1905-06-04 00:00:00|118.0|1982| 9.2|    美国|
|  山水情|   10781|动画/短片|中国|1905-06-10 00:00:00| 19.0|1988| 9.2|    美国|
+--------+--------+--------+----+-------------------+-----+----+----+--------+
only showing top 5 rows
```

```
#对结果按照某列进行排序
df. select( df. 名字, df. 产地, df. 评分). orderBy("评分"). show(5)
```

结果显示如下：

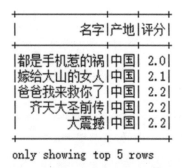

```
+----------+----+----+
|      名字|产地|评分|
+----------+----+----+
|都是手机惹的祸|中国| 2.0|
|嫁给大山的女人|中国| 2.1|
|爸爸我来救你了|中国| 2.2|
| 齐天大圣前传|中国| 2.2|
|      大震撼|中国| 2.2|
+----------+----+----+
only showing top 5 rows
```

```
#查看某列为 null 的行
from pyspark. sql. functions import isnull
df1 = df. filter( isnull("名字"))
df1. show()
```

结果显示如下：

```
|名字|投票人数|       类型|产地|       上映时间|时长|年代|评分|首映地点|
|null|   144|    纪录片/音乐|韩国|2011-02-02 00:00:00| 90.0|2011| 9.7|    美国|
|null|    80|       短片|其他|1905-05-17 00:00:00|  4.0|1964| 5.7|    美国|
|null|  5315|       剧情|日本|2004-07-10 00:00:00|111.0|2004| 7.5|    日本|
|null|   263|    短片/音乐|英国|1998-06-30 00:00:00| 34.0|1998| 9.2|    美国|
|null|    47|       短片|其他|1905-05-17 00:00:00|  3.0|1964| 6.7|    美国|
|null|  1193|    短片/音乐|法国|1905-07-01 00:00:00| 10.0|2010| 7.7|    美国|
|null|    32|       短片|其他|1905-05-17 00:00:00|  3.0|1964| 7.0|    美国|
|null|  1081|剧情/动作/惊悚/犯罪|美国|2016-02-26 00:00:00|115.0|2016| 6.0|    美国|
|null|   213|       恐怖|美国|2007-03-06 00:00:00| 83.0|2007| 3.2|    美国|
|null|   110|      纪录片|荷兰|2002-04-19 00:00:00| 48.0|2000| 9.3|    美国|
|null|   122|    纪录片/音乐|英国|1992-10-27 00:00:00|120.0|1992| 9.4|    美国|
|null|    45|       音乐|美国|2015-12-14 00:00:00| 60.0|2015| 9.3|    美国|
|null|    49|      纪录片|美国|2014-04-29 00:00:00| 65.0|2014| 7.9|   加拿大|
|null|    66|    剧情/短片|美国|2004-11-16 00:00:00|  5.0|2004| 5.9|    美国|
|null|    89|       喜剧|美国|2015-05-21 00:00:00| 98.0|2015| 5.3|    美国|
|null|   121|       短片|美国|1905-06-30 00:00:00| 39.0|2008| 6.3|    美国|
|null|  1410|       科幻|日本|2011-04-22 00:00:00| 94.0|2011| 7.0|    美国|
|null|   111|    剧情/动画|加拿大|2001-11-23 00:00:00| 11.0|2001| 7.4|    美国|
|null|   501|    动画/短片|比利时|2001-10-10 00:00:00| 10.0|2001| 8.3|    美国|
|null|    49|       喜剧|美国|2015-03-06 00:00:00| 58.0|2015| 7.5|    美国|
only showing top 20 rows
```

3. 统计功能

df["年代","时长"].describe().show()　#显示某些列的统计结果

结果显示如下：

```
|summary|              年代|              时长|
|  count|            38730|            38730|
|   mean|1996.9786728634133|89.05227214045959|
| stddev|19.936617778370554|83.3398309296163 |
|    min|             1888|              1.0|
|    max|             2016|          11500.0|
```

4. 格式转换

（1）将 Pandas 中的 DataFrame 转化为 PySpark 中的 DataFrame，使用 spark.createDataFrame()。

```
import pandas as pd
from pyspark.sql import SparkSession
spark = SparkSession.builder.getOrCreate()        #初始化 spark 会话
pandas_df = pd.DataFrame({"name":["ss","aa","qq","ee"],"age":[12,18,20,25]})
spark_df = spark.createDataFrame(pandas_df)
spark_df.show()
```

结果显示如下：

```
+------+----+
|name |age |
+------+----+
|   ss|  12|
|   aa|  18|
|   qq|  20|
|   ee|  25|
+------+----+
```

（2）将 RDD 转换为 Spark 中的 DataFrame 格式，使用 rdd. toDF( )。

```
from pyspark. sql import Row
from pyspark import SparkContext
sc =spark. sparkContext
row = Row("spe_id", "InOther")
x = ['x1','x2']
y = ['y1','y2']
new_df = sc. parallelize([row(x[i], y[i]) for i in range(2)])
ss = new_df. toDF( )
ss. show( )
```

结果显示如下：

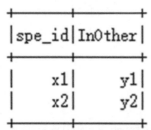

```
+------+------+
|spe_id|InOther|
+------+------+
|    x1|    y1|
|    x2|    y2|
+------+------+
```

（3）将 Spark 中的 DataFrame 格式转换为 Pandas 中的 DataFrame，使用 toPandas( )。

```
import pandas as pd
from pyspark. sql import SparkSession
spark = SparkSession. builder. getOrCreate( )#初始化 spark 会话
pandas_df = pd. DataFrame({"name":["ss","aa","qq","ee"],"age":[12,18,20,25]})
#将 Pandas 中的 DataFrame 转化为 PySpark 中的 DataFrame
spark_df = spark. createDataFrame(pandas_df)
print(type(spark_df))
new_pandas = spark_df. toPandas( )
print(type(new_pandas))
```

结果显示如下：

<class 'pyspark. sql. dataframe. DataFrame'>

```
<class 'pandas. core. frame. DataFrame'>
```

注:PySpark DataFrame 转换为 Pandas 的过程中,需要将数据读入内存,如果数据量大,可能运行不成功。两类 DataFrame 的优缺点比较如下。

(1) PySpark DataFrame 是在分布式节点上运行一些数据操作,而 Pandas 是不可能的。

(2) PySpark DataFrame 的数据反应比较缓慢,没有 Pandas 那么及时。

(3) PySpark DataFrame 的数据是不可变的,不能任意添加列,只能通过合并进行。

(4) Pandas 比 PySpark DataFrame 有更多更方便且很强大的操作。

5. 读写 CSV 文件

一种方法是使用 SQLContext 类中 load() 函数来读取 CSV 文件。代码如下:

```
from pyspark import SparkContext
from pyspark. sql import SQLContext
sc = spark. sparkContext
sqlContext = SQLContext( sc)
csv_content = sqlContext. read. format ('com. databricks. spark. csv'). options ( header ='true',
inferschema ='true'). load( r'. /film. csv') #读取
csv_content. show(10)
```

另一种即如前所示使用 spark. read. csv() 进行读取,并可使用 df. write. csv() 进行保存。代码如下:

```
df_sparksession_read = spark. read. csv( r'film. csv', header =True)
df_sparksession_read. write. csv( "./newfilm. csv") #保存
```

注:加载文件也可以使用 Pandas 中的 read_csv 方法将数据加载为 Pandas 中的 DataFrame 之后再转为 Spark 中的 DataFrame 进行操作。同理,在保存文件时也可以先使用 toPandas 方法,再使用 Pandas 中的 to_csv 方法更为方便。

9.2　PySpark 机器学习

本节介绍如何采用 PySpark 中的机器学习算法进行数据分析。从某种程度上说,采用 PySpark 进行机器学习确实没有直接采用 Python 方便,不过 PySpark 可以更加方便地与数据打交道,因此在一些环境的部署中会更加容易。MLlib 是 Spark 提供的可扩展的机器学习库,详细信息参见网址 https:// spark. apache. org/mllib/。MLlib 的特点是采用较为先进的迭代式、内存存储的分析计算,使得数据的计算处理速度大大高于普通的数据处理引擎。下面首先简单介绍 Spark MLlib,然后通过示例介绍其应用。

9.2.1　Spark MLlib 简介

MLlib 是 Spark 对常用的机器学习算法的实现库,同时包括相关的测试和数据生成器。Spark 的设计初衷就是为了支持一些迭代的 Job, 这正好符合很多机器学习算法的特点。在 Spark 官方首页中展示了逻辑回归算法在 Spark 和 Hadoop 中运行的性能比较,Hadoop 和 Spark

运行逻辑回归所需时间对比图如图 9.1 所示。

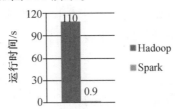

图 9.1　Hadoop 和 Spark 运行逻辑回归所需时间对比图

可以看出,在逻辑回归的运算场景下,Spark 比 Hadoop 快了 100 倍以上。MLlib 目前支持四种常见的机器学习问题:分类、回归、聚类和协同过滤。分类算法包括逻辑回归、支持向量机、朴素贝叶斯和决策树等;回归算法包括线性回归、岭回归、Lasso 和决策树等;聚类算法包括广泛使用的 KMeans 算法等;协同过滤常被应用于推荐系统,在 9.3 节中将详细介绍推荐系统的实现。本节主要以逻辑回归模型为例,介绍其 PySpark 的实现。

9.2.2　案例 1——贷款预测

贷款营销是银行吸收存款的主要经营模式,通过现有数据建立模型来判断客户是否能够进行贷款业务,从而帮助商业银行更好地分配人力资源,提高业务量,以满足现阶段营销活动的成功率。本实验将使用 PySpark 机器学习中的逻辑回归算法和 SVM 算法,分析银行营销数据,按照机器学习开发步骤建立模型,预测客户是否会贷款,并评估预测模型的精确度。基本步骤同样是导入训练数据集,根据需要对数据集进行必要的处理,然后在处理后的训练集上执行训练算法,最后在所得模型上进行预测,并计算训练误差。

1. 数据集描述

本案例使用的数据集来来自于 https://github.com/ChitturiPadma/datasets/blob/master/bank_marketing_data.csv,包含 4 万多条记录和 21 个字段。这里使用其中九个字段作为因变量,一个字段作为目标变量,进行分析和预测。数据集字段含义描述见表 9.1。

表 9.1　数据集字段含义描述

字段名称	中文含义
age	客户年龄
job	客户职业
marital	婚姻状况
default	是否有信用违约
housing	是否有住房
loan	是否有贷款
duration	最后一次联系持续时间(s)
previous	之前活动中与用户联系次数
empvarrate	就业变化速率
y	目标变量,本次活动实施结果:是否同意贷款

银行贷款数据集示例如图9.2所示。

age	job	marital	default	housing	loan	duration	previous	empvarrate	y
56	housemaid	married	no	no	no	261	0	1.1	no
57	services	married	unknown	no	no	149	0	1.1	no
37	services	married	no	yes	no	226	0	1.1	no
40	admin.	married	no	no	no	151	0	1.1	no
56	services	married	no	no	yes	307	0	1.1	no
45	services	married	unknown	no	no	198	0	1.1	no
59	admin.	married	no	no	no	139	0	1.1	no
41	blue-colla	married	unknown	no	no	217	0	1.1	no

图9.2　银行贷款数据集示例

2. 数据读取与查看

本案例在使用数据时首先读取数据,代码如下:

```
from pyspark.sql import SparkSession
spark = SparkSession.builder.appName('binary_class').getOrCreate()
df1 = spark.read.csv('loan.csv', inferSchema = True, header = True)
print(df1.count())
```

结果显示如下:

41188

```
print(df1.columns)
```

显示结果如下:

['age', 'job', 'marital', 'default', 'housing', 'loan', 'duration', 'previous', 'empvarrate', 'y']

```
df1.printSchema()
```

结果显示如下:

```
root
 |-- age: integer (nullable = true)
 |-- job: string (nullable = true)
 |-- marital: string (nullable = true)
 |-- default: string (nullable = true)
 |-- housing: string (nullable = true)
 |-- loan: string (nullable = true)
 |-- duration: integer (nullable = true)
 |-- previous: integer (nullable = true)
 |-- empvarrate: double (nullable = true)
 |-- y: string (nullable = true)
```

3. 特征处理

读取数据后,将进行特征处理。特征处理是最大限度地从原始数据中提取特征以供算法和模型使用,包括特征提取和特征转换等操作,这一工作又称特征工程。Spark 提供了多种特征工程算法,详细内容可查看官方文档 https://spark.apache.org/docs/latest/ml-features.html。

本案例中,除需要对部分数据类型进行转换外,还将使用 StringIndexer 和 OneHotEncoder 两种特征转换算法对部分分类字段进行处理。

(1)StringIndexer。

StringIndexer 是指把一组字符型标签编码成一组数值型标签索引,索引的范围为 0 到标签数量,索引构建的顺序为标签的频率,优先编码频率较大的标签,所以出现频率最高的标签为 0 号,其次为 1,2,…。以 Spark 官方文档为例,StringIndexer 操作数据示例见表 9.2,包括 id 和 category 两列。

表 9.2　StringIndexer 操作数据示例

id	category
0	a
1	b
2	c
3	a
4	a
5	c

使用 StringIndexer 特征转换算法,对上述数据 category 列进行特征转换,设置生成新列名为 categoryIndex。使用 StringIndexer 进行特征转换后得到的结果见表 9.3。

表 9.3　使用 StringIndexer 进行特征转换后得到的结果

id	category	categoryIndex
0	a	0
1	b	2
2	c	1
3	a	0
4	a	0
5	c	1

上述结果中,由于 a 出现了三次,c 出现了两次,b 出现了一次,按照出现频率由高到低,从 0 开始编码,因此 a 的编码为 0,c 的编码为 1,b 的编码为 2。

(2)OneHotEncoder。

OneHot 编码将已经转换为数值型的类别特征,映射为一个稀疏向量对象,对于某一个类别映射的向量只有一位有效,即只有一位数字是 1,其他数字位都是 0。如下面的例子所示,有如下两个特征属性。

(1)婚姻状况。["已婚","单身","离异","未知"]

(2)有无房贷。["有房贷","无房贷"]。

对于某一个样本,如["已婚","无房贷"],因为机器学习算法不接收字符型的特征值,则需要将这个分类值的特征数字化。最直接的方法是可以采用序列化的方式:[0,1]。但是这样的特征处理并不能直接放入机器学习算法中。对于这个问题,婚姻状况是四维的,有无房贷是二维的,这样可以采用 One-Hot 编码的方式对上述的样本["已婚","无房贷"]编码。"已婚"对应[1,0,0,0],"无房贷"对应[0,1],则完整的特征数字化的结果为[1,0,0,0,0,1],这样做的结果会使数据会变得连续,但也会非常稀疏,所以在 Spark 中使用稀疏向量来表示这个结果。

(3)特征处理代码。

经过对数据的概要分析,数据集中除数值型的字段(age、duration、previous 和 empvarrate),其中的整型(integer)数据需要转换为浮点型(double)外,还有一些包含分类值的字符型字段

（job、marital、default、housing 和 loan）要利用特征工程算法对分类字段进行特征转换，这里使用 Spark 提供的 StringIndex 和 OneHotEncoder 算法完成。

①整型字段类型转换。

```
#第一种将整型字段转换为浮点型方法
from pyspark.sql.functions import col, expr, when
# df = df1.select('age','job','marital','default','housing','loan','duration','previous','empvarrate','y')
df = df1.withColumn('age', col("age").cast("Double"))
df = df.withColumn('duration', col("duration").cast("Double"))
df = df.withColumn('previous', col("previous").cast("Double"))

#第二种将整型字段转换为浮点型方法
from pyspark.sql.types import IntegerType, FloatType, DoubleType
df2 = df1.withColumn('age', df1['age'].cast(DoubleType()))
df2 = df2.withColumn('duration', df2['duration'].cast(DoubleType()))
df2 = df2.withColumn('previous', df2['previous'].cast(DoubleType()))
```

显示数值型字段的统计信息：

```
df.select('age','duration','previous','empvarrate').describe().show(truncate=False)
```

结果显示如下：

```
+-------+------------------+-----------------+-------------------+------------------+
|summary|age               |duration         |previous           |empvarrate        |
+-------+------------------+-----------------+-------------------+------------------+
|count  |41188             |41188            |41188              |41188             |
|mean   |40.02406040594348 |258.2850101971448|0.17296299893172767|0.0818855006319146|
|stddev |10.421249980934045|259.2792488364655|0.49490107983929055|1.5709597405170326|
|min    |17.0              |0.0              |0.0                |-3.4              |
|max    |98.0              |4918.0           |7.0                |1.4               |
+-------+------------------+-----------------+-------------------+------------------+
```

②字符型字段类型转换。

处理 job 字段。首先用下面的命令查看 job 字段的取值情况：

```
df.groupby('job').count().show()
```

结果显示如下：

```
+-------------+-----+
|         job |count|
+-------------+-----+
|   housemaid | 1060|
|    services | 3969|
|      admin. |10422|
| blue-collar | 9254|
|  technician | 6743|
|     retired | 1720|
|  management | 2924|
|  unemployed | 1014|
|self-employed| 1421|
|     unknown |  330|
|entrepreneur | 1456|
|     student |  875|
+-------------+-----+
```

然后利用 StringIndexer 和 OneHotEncoder 对特征进行编码。即首先对分类字段 job 使用 StringIndexer 转换算法,将分类值转换为数值类型,其中输入列为 job,输出列为 job_index (double 类型)。这一步是为 OneHot 编码做准备,同时将 job_index 列添加到数据集中;接下来对 job_index 字段使用 OneHotEncoder 转换算法,转换为稀疏向量,其中输入列为 job_index,输出列为 job_purpose_vec(vector 类型),同时将 job_purpose_vec 列添加到数据集中。

```python
from pyspark. ml. feature import OneHotEncoder, StringIndexer, VectorAssembler
job_indexer = StringIndexer( inputCol = "job", outputCol = "job_index" ). fit( df)
df = job_indexer. transform( df)
job_encoder = OneHotEncoder( inputCol = "job_index", outputCol = "job_purpose_vec" ). fit( df)
df = job_encoder. transform( df)
```

查看处理后的结果如下:

```python
df. select( 'age', 'job', 'job_index', 'job_purpose_vec'). show( 5)
```

结果显示如下:

```
+----+---------+---------+---------------+
| age|      job|job_index|job_purpose_vec|
+----+---------+---------+---------------+
|56.0|housemaid|      8.0| (11,[8],[1.0])|
|57.0| services|      3.0| (11,[3],[1.0])|
|37.0| services|      3.0| (11,[3],[1.0])|
|40.0|   admin.|      0.0| (11,[0],[1.0])|
|56.0| services|      3.0| (11,[3],[1.0])|
+----+---------+---------+---------------+
only showing top 5 rows
```

下面的代码采用同样的方式对 marital、default、housing 和 loan 字段进行处理。

```
def OneHotEnc(df,fld):
    job_indexer = StringIndexer(inputCol = fld,outputCol = fld + "_index").fit(df)
    df = job_indexer.transform(df)
    job_encoder = OneHotEncoder(inputCol = fld + "_index", outputCol = fld + "_purpose_
vec").fit(df)
    df = job_encoder.transform(df)
return df
df = OneHotEnc(df,"marital")
df = OneHotEnc(df,"default")
df = OneHotEnc(df,"housing")
df = OneHotEnc(df,"loan")
```

查看处理后的数据集结构如下：

```
df.printSchema()
```

结果显示如下：

```
root
 |-- age: double (nullable = true)
 |-- job: string (nullable = true)
 |-- marital: string (nullable = true)
 |-- default: string (nullable = true)
 |-- housing: string (nullable = true)
 |-- loan: string (nullable = true)
 |-- duration: double (nullable = true)
 |-- previous: double (nullable = true)
 |-- empvarrate: double (nullable = true)
 |-- y: string (nullable = true)
 |-- job_index: double (nullable = false)
 |-- job_purpose_vec: vector (nullable = true)
 |-- marital_index: double (nullable = false)
 |-- marital_purpose_vec: vector (nullable = true)
 |-- default_index: double (nullable = false)
 |-- default_purpose_vec: vector (nullable = true)
 |-- housing_index: double (nullable = false)
 |-- housing_purpose_vec: vector (nullable = true)
 |-- loan_index: double (nullable = false)
 |-- loan_purpose_vec: vector (nullable = true)
```

查看处理后的部分结果如下：

```
df.select(['age','job_purpose_vec','marital_purpose_vec','default_purpose_vec','housing_
purpose_vec','loan_purpose_vec']).show(5)
```

结果显示如下：

```
+----+-----------------+-------------------+-------------------+-------------------+----------------+
|age |job_purpose_vec  |marital_purpose_vec|default_purpose_vec|housing_purpose_vec|loan_purpose_vec|
+----+-----------------+-------------------+-------------------+-------------------+----------------+
|56.0| (11,[8],[1.0])  |    (3,[0],[1.0])  |    (2,[0],[1.0])  |    (2,[1],[1.0])  |  (2,[0],[1.0]) |
|57.0| (11,[3],[1.0])  |    (3,[0],[1.0])  |    (2,[1],[1.0])  |    (2,[1],[1.0])  |  (2,[0],[1.0]) |
|37.0| (11,[3],[1.0])  |    (3,[0],[1.0])  |    (2,[0],[1.0])  |    (2,[0],[1.0])  |  (2,[0],[1.0]) |
|40.0| (11,[0],[1.0])  |    (3,[0],[1.0])  |    (2,[0],[1.0])  |    (2,[1],[1.0])  |  (2,[0],[1.0]) |
|56.0| (11,[3],[1.0])  |    (3,[0],[1.0])  |    (2,[0],[1.0])  |    (2,[1],[1.0])  |  (2,[1],[1.0]) |
+----+-----------------+-------------------+-------------------+-------------------+----------------+
```

到目前为止,除目标变量 y 外,所有的字符型列都完成了 OneHot 编码,在对目标变量 y 进行数据转换后,就可以基于编码后的向量字段应用逻辑回归算法进行预测了。在应用逻辑回归算法之前,使用 pipeline 技术对算法和数据进行流水线式组装,然后再应用逻辑回归算法。

4. 建立逻辑回归模型进行预测

首先实例化一个向量组装器对象 VectorAssembler,将向量类型字段("jobVec","maritalVec","defaultVec","housingVec","poutcomeVec","loanVec")和数值型字段("age","duration","previous","empvarrate")聚合成一个新的字段 features,其中包含了所有的特征值,该特征是一个 Vecor。经过此操作,可以得到模型训练的特征和 Label。代码如下:

```python
#对目标列进行处理
er = StringIndexer(inputCol = 'y', outputCol = 'label').fit(df)
df = er.transform(df)
df = df.withColumn('label', col("label").cast("Integer"))
#组装 features 列
df_assembler = VectorAssembler(inputCols = ['age', 'job_purpose_vec', 'marital_purpose_vec',
'default_purpose_vec', 'housing_purpose_vec', 'loan_purpose_vec', 'duration', 'previous',
'empvarrate'], outputCol = 'features')
df = df_assembler.transform(df)
df.printSchema()
```

结果显示如下:

```
root
 |-- age: double (nullable = true)
 |-- job: string (nullable = true)
 |-- marital: string (nullable = true)
 |-- default: string (nullable = true)
 |-- housing: string (nullable = true)
 |-- loan: string (nullable = true)
 |-- duration: double (nullable = true)
 |-- previous: double (nullable = true)
 |-- empvarrate: double (nullable = true)
 |-- y: string (nullable = true)
 |-- job_index: double (nullable = false)
 |-- job_purpose_vec: vector (nullable = true)
 |-- marital_index: double (nullable = false)
 |-- marital_purpose_vec: vector (nullable = true)
 |-- default_index: double (nullable = false)
 |-- default_purpose_vec: vector (nullable = true)
 |-- housing_index: double (nullable = false)
 |-- housing_purpose_vec: vector (nullable = true)
 |-- loan_index: double (nullable = false)
 |-- loan_purpose_vec: vector (nullable = true)
 |-- features: vector (nullable = true)
```

```
model_df = df.select(['features','label']).show(5,False)
```

结果显示如下：

```
+-----------------------------------------------------------------------+-----+
|features                                                               |label|
+-----------------------------------------------------------------------+-----+
|(24, [0, 9, 12, 15, 18, 19, 21, 23], [56.0,1.0,1.0,1.0,1.0,1.0,261.0,1.1])|0   |
|(24, [0, 4, 12, 16, 18, 19, 21, 23], [57.0,1.0,1.0,1.0,1.0,1.0,149.0,1.1])|0   |
|(24, [0, 4, 12, 15, 17, 19, 21, 23], [37.0,1.0,1.0,1.0,1.0,1.0,226.0,1.1])|0   |
|(24, [0, 1, 12, 15, 18, 19, 21, 23], [40.0,1.0,1.0,1.0,1.0,1.0,151.0,1.1])|0   |
|(24, [0, 4, 12, 15, 18, 20, 21, 23], [56.0,1.0,1.0,1.0,1.0,1.0,307.0,1.1])|0   |
+-----------------------------------------------------------------------+-----+
```

进行逻辑回归预测如下：

```
from pyspark.ml.classification import LogisticRegression
training_df, test_df = model_df.randomSplit([0.75, 0.25])
log_reg = LogisticRegression(regParam=0.01).fit(training_df)
lr_summary = log_reg.summary
print(lr_summary.accuracy)
```

结果显示如下：

0.8973032399922395

```
print(lr_summary.areaUnderROC)
```

结果显示如下：

0.9133461331133396

```
print(lr_summary.precisionByLabel)
```

结果显示如下：

[0.9097154072620216, 0.6305454545454545]

```
print(lr_summary.recallByLabel)
```

结果显示如下：

[0.9814537621846592, 0.24526166902404525]

```
predictions = log_reg.transform(test_df)
predictions.show(5)
```

结果显示如下：

```
+--------------------+-----+--------------------+--------------------+----------+
|            features|label|       rawPrediction|         probability|prediction|
+--------------------+-----+--------------------+--------------------+----------+
|(24, [0, 1, 12, 15, 17...|    0|[1.90214772455976...|[0.87013441261062...|       0.0|
|(24, [0, 1, 12, 15, 17...|    0|[1.75873685740548...|[0.85305138991966...|       0.0|
|(24, [0, 1, 12, 15, 17...|    0|[1.70015737233236...|[0.84555528752984...|       0.0|
|(24, [0, 1, 12, 15, 17...|    1|[0.34593427817063...|[0.58563130599460...|       0.0|
|(24, [0, 1, 12, 15, 17...|    0|[1.23759718280443...|[0.77514549224310...|       0.0|
+--------------------+-----+--------------------+--------------------+----------+
```

```
pred = log_reg. evaluate( test_df)
print( pred. accuracy)
```

结果显示如下：

0. 903137789904502

5. 采用 SVM 模型进行预测

前面介绍了采用逻辑回归算法进行预测的方法，对于处理后的数据集，也可以采用 SVM 模型进行预测。代码如下：

```
from pyspark. ml. classification import LinearSVC
#创建分类器
lsvc = LinearSVC( maxIter = 10, regParam = 0. 1)
#训练模型
lsvcModel = lsvc. fit( training_df)
#输出线性 SVM 分类器的模型系数
print( "Coefficients:" +str( lsvcModel. coefficients) )
print( "Intercept:" +str( lsvcModel. intercept) )
//对测试集进行预测
result = lsvcModel. transform( test_df)
result. show( )
```

结果显示如下：

```
+------------------+-----+--------------------+----------+
|          features|label|       rawPrediction|prediction|
+------------------+-----+--------------------+----------+
|(24, [0, 1, 12, 15, 17...|    0|[0. 85394501574249...|       0. 0|
|(24, [0, 1, 12, 15, 17...|    0|[0. 85483126731837...|       0. 0|
|(24, [0, 1, 12, 15, 17...|    0|[0. 84986028558934...|       0. 0|
|(24, [0, 1, 12, 15, 17...|    1|[0. 76771572120576...|       0. 0|
|(24, [0, 1, 12, 15, 17...|    0|[0. 83671984355401...|       0. 0|
|(24, [0, 1, 12, 15, 17...|    0|[0. 86618045986520...|       0. 0|
|(24, [0, 1, 12, 15, 17...|    0|[0. 91504546533285...|       0. 0|
|(24, [0, 1, 12, 15, 17...|    0|[0. 90841748969414...|       0. 0|
|(24, [0, 1, 12, 15, 17...|    0|[0. 98976723146333...|       0. 0|
|(24, [0, 1, 12, 15, 17...|    0|[0. 88860504997635...|       0. 0|
|(24, [0, 1, 12, 15, 17...|    0|[0. 91990850229195...|       0. 0|
|(24, [0, 1, 12, 15, 17...|    0|[0. 96491232281817...|       0. 0|
|(24, [0, 1, 12, 15, 17...|    1|[0. 85793693007004...|       0. 0|
|(24, [0, 1, 12, 15, 17...|    0|[0. 93007391976203...|       0. 0|
|(24, [0, 1, 12, 15, 17...|    0|[0. 93398429132826...|       0. 0|
|(24, [0, 1, 12, 15, 17...|    0|[0. 82833449370787...|       0. 0|
|(24, [0, 1, 12, 15, 17...|    0|[0. 77458147721736...|       0. 0|
|(24, [0, 1, 12, 15, 17...|    0|[0. 95448948485532...|       0. 0|
|(24, [0, 1, 12, 15, 17...|    0|[0. 94521031896113...|       0. 0|
|(24, [0, 1, 12, 15, 17...|    0|[0. 95964755422449...|       0. 0|
+------------------+-----+--------------------+----------+
```

9.2.3　案例2——构建推荐系统

互联网的出现和普及给用户带来了大量的信息,满足了用户在信息时代对信息的需求,但随着网络的迅速发展而带来的网上信息量的大幅增长,用户在面对大量信息时无法从中获得对自己真正有用的信息,对信息的使用效率反而降低了,这就是所谓的信息超载(information overload)问题。解决信息超载问题的一个非常有潜力的办法是推荐系统。推荐系统通过研究用户的兴趣偏好,进行个性化计算,发现用户的兴趣点,从而能够根据用户的信息需求、兴趣等,将用户感兴趣的信息、产品等推荐给用户。推荐系统现已广泛应用于很多领域,其中最典型并具有良好的发展和应用前景的领域就是电子商务领域。同时,学术界对推荐系统的研究热度一直很高,其逐步形成了一门独立的学科。

1. 推荐模型分类

推荐系统的研究已经相当广泛,常用的推荐模型有基于内容的推荐(content-based recommendation)、协同过滤推荐(collaborative filtering,CF)、基于关联规则推荐和基于效用推荐等。下面简单介绍基于内容的推荐和协同过滤推荐。

(1)基于内容的推荐。

基于内容的推荐是信息过滤技术的延续和发展,它是建立在项目的内容信息上做出推荐的,不需要依据用户对项目的评价意见,而更多地需要用机器学习的方法从关于内容的特征描述的事例中得到用户的兴趣资料。在基于内容的推荐系统中,项目或对象通过相关的特征属性来定义,系统基于用户评价对象的特征来考查用户资料与待预测项目的相匹配程度,而用户资料模型取决于所用学习方法,如常用的决策树和神经网络等分类技术均可用于基于内容的推荐。基于内容的推荐方法的优点是不需要其他用户的数据,缺点是要求内容能容易抽取成有意义的特征,并且用户的喜好必须能够用内容特征形式来表达。

(2)协同过滤推荐。

协同过滤推荐是推荐系统中应用最早和最为成功的技术之一。协同过滤基于这样的假设:为一用户找到他真正感兴趣的内容的好方法是首先找到与此用户有相似兴趣的其他用户,然后将其他用户感兴趣的内容推荐给此用户。协同过滤最大的优点是对推荐内容没有特殊的要求,能处理非结构化的复杂对象,如音乐、电影等。在协同过滤算法中存在两个分支:基于用户(user)的协同过滤和基于物品(item)的协同过滤。

①基于用户的协同过滤。

基于用户的协同过滤可以用“志趣相投”一词来表示,通常是对用户的历史行为的数据进行分析,如购买、收藏的物品,评论内容或搜索内容,通过某种算法将用户喜好的物品进行打分。根据不同用户对相同物品的态度和偏好程度计算用户之间的相似性,在有相同喜好的用户之间进行商品推荐。计算上,就是将一个用户对所有物品的偏好作为一个向量来计算用户之间的相似度,找到相似的邻居后,根据邻居的相似度权重及其对物品的偏好,预测当前用户没有偏好的未涉及物品,计算得到一个排序的物品列表作为推荐。

②基于物品的协同过滤。

基于物品的协同过滤是利用现有用户对物品的偏好或评级情况计算物品之间的相似度,根据用户的历史偏好推荐相似的物品。从计算的角度看,就是将所有用户对某个物品的偏好作为一个向量来计算物品之间的相似度,得到物品的相似物品后,根据用户历史的偏好预测当前用户还没有表示偏好的物品,计算得到一个排序的物品列表作为推荐。

2. 利用 MLlib 实现电影推荐

Spark MLlib 中提供了交替最小二乘(alternating least squares,ALS)算法,它是一种协同过滤推荐算法,其实现原理是通过观察所有用户给产品的评分来推断每个用户的喜好,并向用户推荐合适的产品。本案例将其应用于电影推荐,下面介绍主要的实现过程。

(1)数据集准备。

MovieLens 是历史悠久的推荐系统,它由美国明尼苏达大学计算机科学与工程学院的 GroupLens 项目组创办,是一个以研究为目的、非商业性质的实验性站点,读者可以从网站 https://grouplens.org/datasets/movielens/中下载实验数据进行学习。实验数据 ml-100k.zip 下载页面如图 9.3 所示。

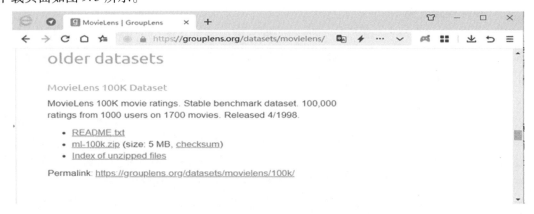

图 9.3   实验数据 ml-100k.zip 下载页面

实验数据文件下载完成后进行解压。本案例中主要用到其中的 movies.csv(电影数据)和 ratings.csv(用户评分数据)两个文件。ratings.csv 文件如图 9.4 所示。文件 ratings.csv 共有四个字段,分别是 userId(用户 id)、movieId(电影 id)、rating(评分)和 timestamp(时间戳)。movies.csv 文件如图 9.5 所示,各列分别是 movieId、title(电影名)和 genres(类型)。

userId	movieId	rating	timestamp
1	296	5	1147880044
1	306	3.5	1147868817
1	307	5	1147868828
1	665	5	1147878820
1	899	3.5	1147868510
1	1088	4	1147868495
1	1175	3.5	1147868826
1	1217	3.5	1147878326
1	1237	5	1147868839

图 9.4   ratings.csv 文件

将两个文件的第一行(列标题)删除后,上传到 HDFS 中的/spark/mldata 路径下。

(2)ALS 算法简介。

ALS 算法是 2008 年以来用得较多的协同过滤算法。从协同过滤的分类来说,ALS 算法属于 User-Item CF,又称混合 CF。它同时考虑了用户和物品两个方面。用户和物品的关系可以抽象为三元组〈User,Item,Rating〉。其中,Rating 是用户对物品的评分,表征用户对该物品的喜好程度。假设有一批用户数据,其中包含 m 个用户和 n 个物品,则定义 $\boldsymbol{R}$ 矩阵,其中的元素

movieId	title	genres				
1	Toy Story (1995)	Adventure	Animation	Children	Comedy	Fantasy
2	Jumanji (1995)	Adventure	Children	Fantasy		
3	Grumpier Old Men (1995)	Comedy	Romance			
4	Waiting to Exhale (1995)	Comedy	Drama	Romance		
5	Father of the Bride Part II (1995)	Comedy				
6	Heat (1995)	Action	Crime	Thriller		

图 9.5　movies. csv 文件

表示第 u 个用户对第 i 个物品的评分。在实际使用中,由于 n 和 m 的数量都十分巨大,因此 R 矩阵的规模也十分巨大。另外,一个用户也不可能给所有商品评分,因此 R 矩阵注定是一个稀疏矩阵。为更好地实现推荐系统,需要对这个稀疏的矩阵建模。一般可以采用矩阵分解(或矩阵补全)的方式,即找出两个低维度的矩阵,使得它们的乘积是原始的矩阵。假定评分矩阵 $R(m×n)$ 可以由分解的两个小矩阵 $U(m×k)$ 和 $V(k×n)$ 的乘积来近似,即 $R = UV^T$, $k \leq m$, n。这里的 $U(m×k)$ 和 $V(k×n)$ 称为因子矩阵,抽象地解释是某用户的喜好映射到低维向量 u_i 上,同时将某个物品的特征映射到维度相同的向量 v_j 上,那么这个人和这个影片的相似度就可以表述成这两个向量之间的内积(u_i^T)×v_j,因此评分矩阵 A 就可以由用户偏好矩阵和物品特征矩阵的乘积 UV^T 来近似了。此模型试图发现的是对应"用户–物品"矩阵内在行为结构的隐含特征(这里表示为因子矩阵),所以也把它们称为隐特征模型。隐含特征或因子不能直接解释,但它可能表示了某些含义,如对电影的某个导演、类型、风格或某些演员的偏好等。

　　Spark 中的的 ALS 算法在包 pyspark. mllib. recommendation 中,调用 ALS. train() 函数完成模型训练,其函数定义如下:

def train(cls, ratings, rank, iterations = 5, lambda_ = 0.01, blocks = −1, nonnegative = False, seed = None)

train 函数参数说明见表 9.4。

表 9.4　train 函数参数说明

参数名称	相关说明
ratings	训练的数据格式是 Rating(UserID, productID, rating) 的 RDD
rank	对应 ALS 模型中的因子个数,也就是在低阶近似矩阵中的隐含特征个数,因子个数一般越多越好,但是也会加大内存开销,通常值为 10 ~ 200
iterations	对应运算时的迭代次数,减少评级矩阵的重建误差,默认值为 5,大部分情况下设置 10 次左右
lambda	该参数控制模型的正则化过程,从而控制模型的拟合程度。值越高,正则化效果越强,该参数的值与实际数据的大小、特征、和稀疏程度有关,默认值为 0.01

　　调用 ALS. train 训练数据后,会创建推荐引擎模型 MatrixFacorizationModel(矩阵分解)对象,调用该对象的 predict 和 predictAll 方法可以计算给定用户和物品的预期得分。如果要为某个用户推荐多个物品,可以调用 MatrixFacorizationModel 对象的方法 recommendProducts (user:Int, num:Int) 来实现,返回值即为预测得分最高的前 num 个物品。

　　(3)电影推荐实现代码。

　　①初始化 Spark,引入需要的包、类和函数。

```
import findspark
findspark. init( )
from pyspark import SparkConf,SparkContext
from pyspark. mllib. recommendation import ALS, Rating
from math import sqrt
```

②初始化 SparkConf 和 SparkContext。

```
conf = SparkConf( ). setMaster ( " local " ). setAppName ( " My_App " ). set ('spark. executor.
memory','512m')
sc = SparkContext( conf = conf)
```

③获取所有电影名称和 id,并以字典 dict 类型返回。

```
def movie_dict(file) :
    dict = { }
    with open(file,'r',encoding = 'UTF-8') as f:
    #i = 0
        for line in f:
            #i += 1
            #print("line % d:" % i)
            arr = line. split(',')
            #print("arr len % d" % len( arr) )
            movie_id = int( arr[0] )
            movie_name = str( arr[1] )
            dict[ movie_id] = movie_name
    return dict
```

④转换用户评分数据格式,参数的数据格式为(userId,movieId,rating),表示用户 id、电影
id 和评分,最后以 Rating 对象返回。

```
def get_rating( str) :
    arr = str. split(',')
    user_id = int( arr[0] )
    movie_id = int( arr[1] )
    user_rating = float( arr[2] )
    return Rating(user_id, movie_id, user_rating)
```

(5)加载数据。

```
movies = movie_dict( r'. /ml-100k/u. item')
sc. broadcast( movies)
```

```
data = sc.textFile(r'./ml-100k/u.data') #RDD 格式
#data = sc.textFile('hdfs://localhost:9000/user/hadoop/u.data').cache() #从 HDFS 中读取
#将 RDD 格式的数据转换为 Rating 格式的数据,以便传入到 train()方法中使用
ratings = data.map(get_rating)
print(ratings.first())
```

结果显示如下:

Rating(user=1, product=296, rating=5.0)

```
userid = 10
#user_ratings = ratings.filter(lambda x: x[0] == userid)
```

⑥建立模型,调用 train 方法进行训练,得到模型 model 备用。

```
rank = 30
iterations = 5
model = ALS.train(ratings, rank, iterations) #显式 ALS
```

隐式 ALS 获得模型的方法如下:

```
def train_model(rank=30):
    #建立模型
    print('rank:',rank)
    iterations = 5
    #model = ALS.train(ratings, rank, iterations)
    model = ALS.trainImplicit(ratings, rank, iterations)#隐式 ALS,多一个 alpha 参数,缺省
值=0.01
    return model
#计算训练集损失
def MSE():
    pred_input = ratings.map(lambda x: (x[0], x[1]))
    pred = model.predictAll(pred_input)
    true_reorg = ratings.map(lambda x: ((int(x[0]), int(x[1])), float(x[2])))
    pred_reorg = pred.map(lambda x: ((x[0], x[1]), x[2]))
    true_pred = true_reorg.join(pred_reorg)
    MSE = true_pred.map(lambda r: (r[1][0] - r[1][1]) ** 2).mean()
    print(MSE)
    train_loss = sqrt(MSE)
    print('训练集损失',train_loss)
```

⑦用 model 对指定用户 ID 按得分高低推荐前十电影。

```
def get_recommendation_movie(userid = 10):
    rec_movies = model.recommendProducts(userid, 10)
    # rec_movies = model.recommendProductsForUsers(5).collect()
    print('recommend movies for userid %d:' % userid)
    for item in rec_movies:
        print('name:' + movies[item[1]] +' = => score: %.2f' % item[2])
get_recommendation_movie()
#for rank in range(110,120,5):
#    model = train_model(rank)
#    MSE()
#    get_recommendation_movie(11)
```

结果显示如下:

recommend movies for userid 10:

name:Twelve Monkeys (a.k.a. 12 Monkeys) (1995) = => score: 1.04

name:"Shawshank Redemption = => score: 1.00

name:Forrest Gump (1994) = => score: 0.99

name:Jurassic Park (1993) = => score: 0.98

name:Pulp Fiction (1994) = => score: 0.95

name:Star Wars: Episode IV – A New Hope (1977) = => score: 0.95

name:Star Wars: Episode VI – Return of the Jedi (1983) = => score: 0.92

name:Toy Story (1995) = => score: 0.88

name:"Silence of the Lambs = => score: 0.87

name:Apollo 13 (1995) = => score: 0.84

recommend movies for userid 11:

name:Schindler's List (1993) = => score: 0.88

name:"Silence of the Lambs = => score: 0.75

name:American Beauty (1999) = => score: 0.70

name:"Lord of the Rings: The Fellowship of the Ring = => score: 0.65

name:"Lord of the Rings: The Return of the King = => score: 0.64

name:"Lord of the Rings: The Two Towers = => score: 0.63

name:American History X (1998) = => score: 0.33

name:12 Angry Men (1957) = => score: 0.24

name:"Sixth Sense = => score: 0.19

name:One Flew Over the Cuckoo's Nest (1975) = => score: 0.19

9.3　Spark Streaming 流处理技术

9.3.1　Spark Streaming 入门

数据处理可以分为两种方式:批处理和流处理。批处理主要针对有界的、大量的、持久化的静态数据,而流处理主要针对无界的、每次处理小量的、持续实时快速产生的数据。例如,在交易系统上,对流式数据往往需要进行实时计算。批处理系统强调的是计算能力,流处理系统更要求吞吐量(单位时间内处理请求的数量)和实时性(至少秒级)。二者可以单独存在,也可以统一为一个平台。在统一的情况下,流处理后的结果可作为批处理的数据来源。目前,各大数据平台都在向着统一的方向发展。

目前主流的流计算工具有三种,即 Storm、Flink 和 Spark 中的流处理技术。Storm 的延迟最低,一般为几毫秒到几十毫秒,但数据吞吐量较低,每秒能够处理的事件在几十万左右,建设成本高。Flink 是目前国内互联网厂商主要使用的流计算工具,延迟一般在几十到几百毫秒,数据吞吐量非常高,每秒能处理的事件可以达到几百上千万,建设成本低。Spark 的流计算是将流数据按照时间分割成一个一个的小批次(mini-batch)进行处理,其延迟一般在 1 s 左右,但 Spark 吞吐量与 Flink 相当。

Spark 主要通过 Spark Streaming 或 Spark Structured Streaming 两种方式支持流计算。Spark Streaming 是核心 Spark API 的扩展,Spark Streaming 应用架构如图 9.6 所示,支持可伸缩、高吞吐量、容错的实时流处理。数据可以从许多来源中获取,如 Kafka、Flume、Kinesis 或 TCP sockets,可以使用复杂的算法如 Map、reduce、join 和 Window 处理数据,处理后的数据可以推送到文件系统、数据库和活动仪表板,还可以将 Spark 的机器学习和图形处理算法应用于数据流。

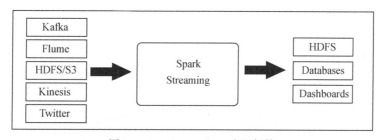

图 9.6　Spark Streaming 应用架构

在内部,Spark Streaming 工作过程如图 9.7 所示。首先,Spark Streaming 接收输入的数据流,处理的结果是将数据分成一个个小批次数据,然后由 Spark Engine 处理,再生成处理后的数据批次。

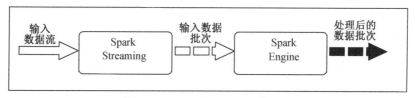

图 9.7　Spark Streaming 工作过程

9.3.2　Spark Streaming 与 Spark Structured Streaming

Spark 在 2.0 之前主要使用 Spark Streaming 来支持流计算,其数据结构模型为 DStream。DStream 是 Spark Streaming 提供的高级别抽象,表示连续的数据流。DStream 由许多 RDD 构成。DStream 可以从 Kafka、Flume 和 Kinesis 等源的输入数据流创建,也可以通过对其他 DStream 应用高级操作创建。在内部,DStream 本质上就是一个个小批次数据构成的 RDD 队列。

目前,Spark 主要推荐的流计算模块是 Structured Streaming,其数据结构模型是 Unbounded DataFrame,即没有边界的数据表。

相比于 Spark Streaming 建立在 RDD 数据结构上面,Structured Streaming 建立在 SparkSQL 基础上,DataFrame 的绝大部分 API 也能够用在流计算上,实现了流计算和批处理的一体化,并且由于 SparkSQL 的优化,因此具有更好的性能,容错性也更好。本案例使用较为简单的 Spark Streaming 来介绍流数据的使用。

9.3.3　Spark Streaming 程序开发示例

创建一个 Spark Streaming 程序,首先必须创建一个 StreamingContext 对象,该对象是 Spark 流处理的编程入口点,然后执行其他操作。完整的使用过程按照下列步骤进行。

(1)定义 StreamingContext。

(2)通过 StreamingContext API 创建 DStream(Input DStream)。

(3)对 DStream 定义 Transformation(实时计算逻辑)和 Output 操作。

(4)调用 StreamingContext 的 start( ) 方法,启动实时处理数据。

(5)调用 StreamingContext 的 awaitTermination( ) 方法,等待应用程序的终止,或调用 StreamingContext 的 stop( )方法,停止应用程序。

【例 9.12】　在数据服务器中,基于 tcp socket 接收到的数据中统计文本数。运行此示例代码前需要运行 Netcat 数据服务器,如下载 Netcat 1.12(一个强大的网络工具),安装后将 Netcat 所在的路径加到环境变量 path 中,然后在 CMD 窗口中运行命令"nc -l -p 9999"模拟产生数据流(图 9.8)。

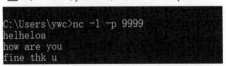

图 9.8　使用 Netcat 产生数据流

下面的代码用来接收数据流并对接收到的文本行进行统计。完整代码如下:

```
import findspark
findspark.init( )


from pyspark import SparkContext
from pyspark.streaming import StreamingContext
```

```
#创建 StreamingContext。
# Create a local StreamingContext with two working thread and batch interval of 1 second
sc = SparkContext("local[2]","NetworkWordCount")
ssc = StreamingContext(sc,1)
#创建 DStream,指定 localhost 的 ip 和 port(即确定 socket)
# Create a DStream that will connect to hostname:port, like localhost:9999
lines = ssc.socketTextStream("localhost",9999)


#DStream 的每条记录都是一行文本,现在需要根据句子中每个单词之间的空格,分隔成一
个个单词:
# Count each word in each batch
pairs = lines.map(lambda word:(word,1))
wordCounts = pairs.reduceByKey(lambda x,y:x + y)


# Print the first ten elements of each RDD generated in this DStream to the console
wordCounts.pprint()


#以上只是 transformation 操作,接下来是 action 部分:
ssc.start()                 # Start the computation
ssc.awaitTermination()      # Wait for the computation to terminate
```

运行结果如下:

```
----------------------------------------
('helheloa',1)
----------------------------------------
('how are you',1)
----------------------------------------
('fine thk u',1)
----------------------------------------
```

9.4　Kafka 消息发布-订阅系统

9.4.1　Kafka 概述

Kafka 最初由 Linkedin 公司开发,是一个分布式、分区、多副本、多订阅者基于 ZooKeeper 协调的分布式日志系统,经常用于 web/nginx 日志访问、消息服务、流式处理等。Linkedin 于 2010 年贡献给了 Apache 基金会并成为顶级开源项目。其主要应用场景是日志收集系统和消

息系统,如一个公司可以用 Kafka 收集各种服务的日志,通过 Kafka 以统一接口服务的方式开放给各种消费者,如 hadoop、Hbase、Solr 等,在本案例中将作为消息系统使用。

Kafka 主要设计目标如下。

(1)以时间复杂度为 $O(1)$ 的方式提供消息持久化能力,即使对太字节级以上的数据也能保证常数时间的访问性能。

(2)高吞吐量,低延迟。Kafka 每秒可以处理几十万条消息,它的延迟最低只有几毫秒,即使在非常廉价的机器上也能做到单机支持每秒 100K 条消息的传输。

(3)支持 Kafka 服务器间的消息分区及分布式消费,同时保证每个分区内的消息顺序传输。

(4)同时支持离线数据处理和实时数据处理。支持 Hadoop 数据并行加载,Kafka 通过 Hadoop 的并行加载机制统一了在线和离线的消息处理。

(5)完全的分布式系统。Apache Kafka 是一个非常轻量级的消息系统,其组成部分中的 Broker、Producer、Consumer 都自动支持分布式,自动实现负载均衡。

9.4.2　消息系统简介

一个消息系统负责将数据从一个应用传递到另外一个应用,应用只需要关注数据,无须关注数据在两个或多个应用间是如何传递的。分布式消息传递基于可靠的消息队列,在客户端应用与消息系统之间异步传递消息。有两种主要的消息传递模式:点对点传递模式、发布-订阅模式。大部分的消息系统选用发布-订阅模式,Kafka 就是一种发布-订阅模式。

(1)点对点消息传递模式。

在点对点消息系统中,生产者(producer)生产的消息持久化到一个队列(queue)中。此时,将有一个或多个消费者(consumer)消费队列中的数据。但是一条消息只能被消费一次。当一个消费者消费了队列中的某条数据之后,该条数据则从消息队列中删除。该模式即使有多个消费者同时消费数据,也能保证数据处理的顺序(图 9.9)。

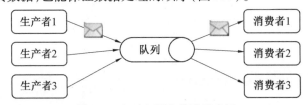

图 9.9　点对点消息传递示意图

(2)发布-订阅消息传递模式。

在发布-订阅消息系统中,消息的生产者称为发布者,消费者称为订阅者,消息被持久化到一个主题(topic)中。与点对点消息系统不同的是,消费者可以订阅一个或多个主题,可以消费该主题中所有的数据,同一条数据可以被多个消费者消费,数据被消费后不会立马删除(图 9.10)。

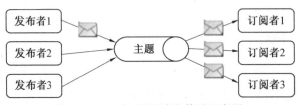

图 9.10　发布-订阅消息传递示意图

9.4.3　Kafka 工作原理

Kafka 的发布–订阅消息机制如图 9.11 所示。集群中的多个生产者和消费者可同时生产和消费数据。数据被分为不同的主题(Topic),如 TopicA 和 TopicB,数据处理单元是 Broker (服务器节点),图中包含 BrokerA 和 BrokerB 两个服务器节点。每个 Topic 可以有多个 Partition(分区),如 TopicA 配置了两个 Partition,TopicB 配置了一个 Partition。TopicA 的 Partition1 有两个 offset(偏移量),分别是 0 和 1;Partition2 有两个 offset,分别是 0 和 1。TopicB 的 Partition0 有 1 个 offset。如果一个 Topic 的副本数为 2,那么 Kafka 将在集群中为每个 Partition 创建两个相同的副本,如图中分别在 BrokerA 和 BrokerB 上为每个分区创建了一个副本。集群中的每个 Broker 存储了一个或多个 Partition。

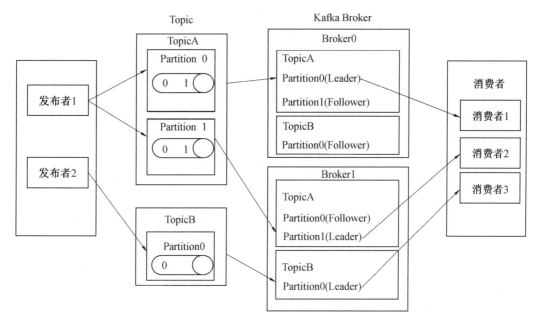

图 9.11　Kafka 的发布–订阅消息机制

Kafka 的相关术语释义如下。

(1)Topic。

每条发布到 Kafka 集群的消息都有一个主题,可以理解为类别,这个类别称为 Topic。物理上不同 Topic 的消息分开存储,逻辑上一个 Topic 的消息虽然保存于一个或多个 Broker 上,但用户只需指定消息的 Topic 即可生产或消费数据,而不必关心数据存于何处。

(2)Partition。

Topic 中的数据分割为一个或多个 Partition。每个 Topic 至少有一个 Partition。每个 Partition 中的数据使用多个 segment(段)文件存储。Partition 中的数据是有序的。如果 Topic 有多个 Partition,消费数据时就不能保证数据的顺序。在需要严格保证消息的消费顺序的场景下,需要将 Partition 数目设为 1。分区的作用是做负载,提高 Kafka 的吞吐量。同一个 Topic 在不同的分区的数据是不重复的,Partition 的表现形式就是一个一个的文件夹。

(3) Broker。

Topic 如果某 Topic 有 N 个 Partition,集群有 N 个 Broker,那么每个 Broker 存储该 Topic 的一个 Partition。

如果某 Topic 有 N 个 Partition,集群有 $(N+M)$ 个 Broker,那么其中有 N 个 Broker 存储该 Topic 的一个 Partition,剩下的 M 个 Broker 不存储该 Topic 的 Partition 数据。

如果某 Topic 有 N 个 Partition,集群中 Broker 数目少于 N 个,那么一个 Broker 存储该 Topic 的一个或多个 Partition。在实际生产环境中尽量避免这种情况的发生,这种情况容易导致 Kafka 集群数据不均衡。

(4) 生产者。

生产者即数据的发布者,该角色将消息发布到 Kafka 的 Topic 中。Broker 接收到生产者发送的消息后,将该消息追加到当前用于追加数据的文件中。

(5) 消费者。

消费者可以从 Broker 中读取数据。消费者可以消费多个 Topic 中的数据,每个消费者属于一个特定的消费组(可为每个消费者指定消费组名,若不指定,则属于默认的组)。

(6) Leader(主分区)。

每个 Partition 有多个副本,在 Kafka 中默认副本的最大数量是十个,且副本的数量不能大于 Broker 的数量,同一机器对同一个分区也只可能存放一个副本(包括自己),其中有且仅有一个作为 Leader。Leader 是当前负责数据读写的 Partition。

(7) Follower(从分区)。

Follower 跟随 Leader,所有写请求都通过 Leader 路由,Follower 与 Leader 保持数据同步。如果 Leader 失效,则从 Follower 中选举出一个新的 Leader。当 Follower 与 Leader 挂掉、卡住或同步太慢,Leader 会把这个 Follower 从"in sync replicas"(ISR)列表中删除,重新创建一个Follower。

9.4.4 Kafka 与 ZooKeeper

Kafka 使用 ZooKeeper 用于管理、协调代理。每个 Kafka 代理通过 ZooKeeper 协调其他 Kafka 代理。当 Kafka 系统中新增了代理或某个代理失效时,ZooKeeper 服务将通知生产者和消费者。生产者和消费者据此开始与其他代理协调工作。因此,ZooKeeper 在 Kakfa 中扮演的角色是:Kafka 将元数据信息保存在 ZooKeeper 中,但是发送给 Topic 本身的数据是不会发送到 ZooKeeper 上的。具体描述如下。

(1) Zookeeper 对 Broker 的管理。

在 Kafka 的设计中,选择了使用 ZooKeeper 来管理所有的 Broker,体现在 ZooKeeper 上会有一个专门用来进行 Broker 服务器列表记录的点,节点路径为/brokers/ids。每个 Broker 服务器在启动时,都会在 ZooKeeper 上进行注册,即创建/brokers/ids/[0-N]的节点,然后写入 IP、端口等信息。Broker 创建的是临时节点,所以一旦 Broker 上线或下线,对应 Broker 节点也就被删除了,因此可以通过 ZooKeeper 上 Broker 节点的变化来动态表征 Broker 服务器的可用性,Kafka 的 Topic 也类似于这种方式。

(2) 负载均衡。

以生产者的负载均衡为例。生产者需要将消息合理地发送到分布式 Broker 上,这就面临如何进行生产者负载均衡问题。对于生产者的负载均衡,Kafka 支持传统的四层负载均衡,ZooKeeper 同时也支持 ZooKeeper 方式来实现负载均衡。

①传统的四层负载均衡。根据生产者的 IP 地址和端口来为其定一个相关联的 Broker,通常一个生产者只会对应单个 Broker,只需要维护单个 TCP 链接。这样的方案有很多弊端,因为在系统实际运行过程中,每个生产者生成的消息量及每个 Broker 的消息存储量都不一样,导致不同的 Broker 接收到的消息量非常不均匀,而且生产者也无法感知 Broker 的新增和删除。

②使用 ZooKeeper 进行负载均衡。生产者通过监听 ZooKeeper 上 Broker 节点感知 Broker 和 Topic 的状态变更来实现动态负载均衡机制。

消费者的负载均衡与生产者负载均衡类似。记录消息分区与消费者的关系,都是通过创建修改 ZooKeeper 上相应的节点实现的记录消息消费进度,也是通过创建修改 ZooKeeper 上相应的节点实现的。

基于上述关系的描述,在使用 Kafka 时,启动 Kafka 前必须启动 ZooKeeper,后面的示例会描述此过程。

9.4.5　Kafka 的安装、启动与使用

1. Kafka 的安装与启动

首先安装 JDK 1.8,然后安装 Scala 和 Kafka,在安装完之后需进行必要的配置。

(1)安装 Scala。

由于 Kafka 是使用 Scala 和 Java 开发的,因此必须安装 Scala。软件下载地址为 https://www.scala-lang.org/download/all.html。

安装的是 Scala 2.11.8 版本,注意 Scala 的版本与 Kafka 要匹配,因为后面安装的是 kafka_2.11-2.2.0。CMD 窗口下直接运行 scala-2.11.8.msi 二进制文件,一路点击"NEXT"即可。

(2)安装 Kafka。

网址是 https://kafka.apache.org/downloads,图 9.12 所示为 Scala 2.11 版本的 Kafka 下载界面。

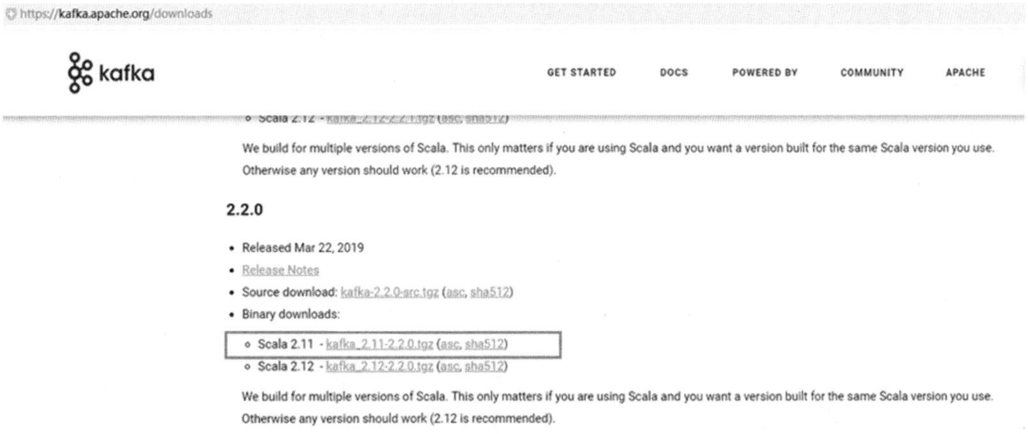

图 9.12　Scala 2.11 版本的 Kafka 下载界面

下载后,解压至 D:\(图 9.13)。

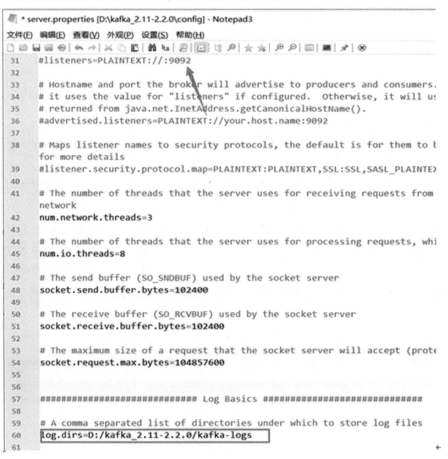

图 9.13　Kafka 下载并解压后的目录结构

将配置文件 D:\kafka_2.11-2.2.0\config\server. properties 中的 log. dirs(图 9.14)修改为自己机器上设定的路径。注意:Kafka 使用的端口号默认是 9092。

图 9.14　Kafka 配置文件 server. properties

(3)使用自带的 ZooKeeper 启动 Kafka。

①启动 ZooKeeper。使用 Kafka 安装包内置的 ZooKeeper。首先修改配置文件 Kafka 安装目录\config\zookeeper. properties(图 9.15),设置 dataDir 的值,用于 ZooKeeper 数据的存储。

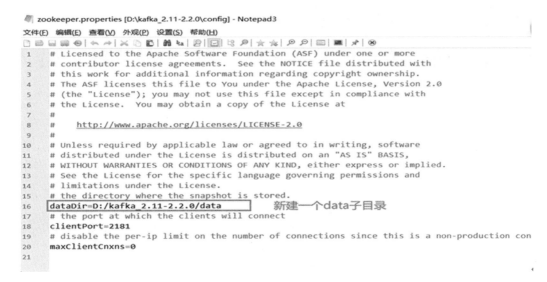

图 9.15　使用 Kafka 安装包内置的 ZooKeeper 的配置

然后打开 CMD 窗口,执行 D:\>D:\kafka_2.11-2.2.0\bin\windows\zookeeper-server-start. bat　D:\kafka_2.11-2.2.0\config\zookeeper. properties

结果如下:

```
2022-10-11 20:03:46,670] INFO tickTime set to 3000 (org.apache.zookeeper.server.ZooKeeperServer)
2022-10-11 20:03:46,670] INFO minSessionTimeout set to -1 (org.apache.zookeeper.server.ZooKeeperServer)
2022-10-11 20:03:46,671] INFO maxSessionTimeout set to -1 (org.apache.zookeeper.server.ZooKeeperServer)
2022-10-11 20:03:46,685] INFO Using org.apache.zookeeper.server.NIOServerCnxnFactory as server connection factory (org.apache.zookeeper.server.ServerCnxnFactory)
2022-10-11 20:03:46,687] INFO binding to port 0.0.0.0/0.0.0.0:2181 (org.apache.zookeeper.server.NIOServerCnxnFactory)
```

②运行 Kafka。打开新的 CMD 窗口,执行 D:\>D:\kafka_2.11-2.2.0\bin\windows\kafka-server-start. bat　D:\kafka_2.11-2.2.0\config\server. properties

结果如下:

```
2022-10-11 20:04:09,745] INFO [TransactionCoordinator id=0] Starting up. (kafka.coordinator.transaction.TransactionCoordinator)
2022-10-11 20:04:09,747] INFO [TransactionCoordinator id=0] Startup complete. (kafka.coordinator.transaction.TransactionCoordinator)
2022-10-11 20:04:09,756] INFO [Transaction Marker Channel Manager 0] Starting (kafka.coordinator.transaction.TransactionMarkerChannelManager)
2022-10-11 20:04:09,807] INFO [/config/changes-event-process-thread]: Starting (kafka.common.ZkNodeChangeNotificationListener$ChangeEventProcessThread)
2022-10-11 20:04:09,829] INFO [SocketServer brokerId=0] Started data-plane processors for 1 acceptors (kafka.network.SocketServer)
2022-10-11 20:04:09,837] INFO Kafka version: 2.2.0 (org.apache.kafka.common.utils.AppInfoParser)
2022-10-11 20:04:09,837] INFO Kafka commitId: 05fcfde8f69b0349 (org.apache.kafka.common.utils.AppInfoParser)
2022-10-11 20:04:09,845] INFO [KafkaServer id=0] started (kafka.server.KafkaServer)
```

2. Kafka 的使用

(1)创建主题。

①假设创建一个名为"test"的主题,它只包含一个分区,只有一个副本,在 CMD 窗口下键入下列命令:

D:\kafka_2.11-2.2.0\bin\windows\kafka-topics. bat --create --zookeeper localhost:2181 --replication-factor 1 --partitions 1 --topic test

②验证主题。在 CMD 窗口下键入下列命令可以查看主题相关信息:

D:\kafka_2.11-2.2.0\bin\windows\kafka-topics. bat --zookeeper localhost:2181 --describe --topic test

返回如下内容:

Topic:test	PartitionCount:1	ReplicationFactor:1	Configs:		
Topic: test	Partition: 0	Leader: 0	Replicas: 0	Isr: 0	

③运行 list topic 命令,可以列出该主题名。

键入下列命令:

D:\kafka_2.11-2.2.0\bin\windows\kafka-topics. bat --list --zookeeper localhost:2181

返回如下内容:

test

(2)生产者发送消息。

可以使用 Kafka 附带的一个命令行客户端——kafka-console-producer 发送消息。它将从文件或标准输入中获取输入,并将其作为消息发送到 Kafka 集群。默认情况下,每行将作为单独的消息发送。

运行生产者,然后在控制台中键入一些消息以发送到服务器。键入下列命令:

D:\kafka_2.11-2.2.0\bin\windows\kafka-console-producer. bat --broker-list localhost:9092 --topic test

发送下列消息:

>hi

>how r u

>ye fine and u

>very well

>haha

>exit

>no

>let's go

(3)消费者接收消息。

Kafka 还有一个命令行客户端 kafka-console-consumer,它会将消息转储到标准输出。

键入下列命令:

D:\kafka_2.11-2.2.0\bin\windows\kafka-console-consumer. bat --bootstrap-server localhost:9092 --topic test --from-beginning

结果显示如下:

hi

how r u

ye fine and u

very well

haha

exit

no

let's go

注意:终止 console consumer 和 console producer 的方法是按 Ctrl+C 键。

3. PySpark Streaming 连接 Kafka

上面通过 Kafka 自带的命令行客户端模拟了 Kafka 的使用,下面举例将 Kafka 与 Spark Streaming 相结合完成实时数据的处理。这里使用了 Spark Streaming 直连消费 Kafka 的方式。

运行示例程序之前需要下载两个 jar 包:spark-streaming-kafka-0-8-assembly_2.11-2.4.5. jar 和 spark-streaming-kafka-0-8_2.11-2.4.5. jar,可到 MVN 仓库 https://mvnrepository.com/进行下载。这两个 jar 包要放在 spark 主目录下的 jars 子目录下。

【例9.14】　编写如下程序,命名为 DirectStream. py。此程序完成对前述 Topic 为"test"的实时数据的拉取,并将其按空格进行分词,然后统计词频。

```python
from _future_ import print_function
import sys
from pyspark import SparkContext
from pyspark. streaming import StreamingContext
from pyspark. streaming. kafka import KafkaUtils
if _name_ == "_main_":
    sc = SparkContext( appName = "Streamingkafka")
    sc. setLogLevel("WARN")   #减少 shell 打印日志
    ssc = StreamingContext( sc ,30) # 30 s 的计算窗口
    brokers = 'localhost:9092'     #设置服务器节点 broker
    topic = 'test'              #拉取主题"test"中的消息
    kafka_streaming_rdd = KafkaUtils. createDirectStream( ssc , [ topic ] , { "metadata. broker.
list" : brokers } )                  #使用 streaming 直连模式消费 kafka
    lines_rdd = kafka_streaming_rdd. map(lambda x : x[1])
    counts = lines_rdd. flatMap(lambda line : line. split("")) \
        . map( lambda word : ( word, 1)) \
    . reduceByKey(lambda a, b : a+b)#统计时间窗内的词频结果,
counts. pprint()                #将结果打印到当前的 shell 窗口中
    ssc. start()                   #启动实时计算
    ssc. awaitTermination()
```

上述代码的运行方式是:打开一个新的 CMD 窗口,转到 DirectStream. py 文件所在文件夹,输入"spark-submit DirectStream. py",运行 Spark Streaming 直连 Kafka 的消费者程序如图 9.16 所示。

```
D:\pythonProject2>spark-submit DirectStream.py
Using Spark's default log4j profile: org/apache/spark/log4j-defaults.properties
23/09/10 21:12:04 INFO SparkContext: Running Spark version 2.4.5
23/09/10 21:12:04 INFO SparkContext: Submitted application: streamingkafka
23/09/10 21:12:04 INFO SecurityManager: Changing view acls to: ywc
23/09/10 21:12:04 INFO SecurityManager: Changing modify acls to: ywc
23/09/10 21:12:04 INFO SecurityManager: Changing view acls groups to:
23/09/10 21:12:04 INFO SecurityManager: Changing modify acls groups to:
23/09/10 21:12:04 INFO SecurityManager: SecurityManager: authentication disabled; ui acls dis
modify permissions: Set(ywc); groups with modify permissions: Set()
23/09/10 21:12:05 INFO Utils: Successfully started service 'sparkDriver' on port 10947.
23/09/10 21:12:05 INFO SparkEnv: Registering MapOutputTracker
23/09/10 21:12:05 INFO SparkEnv: Registering BlockManagerMaster
23/09/10 21:12:05 INFO BlockManagerMasterEndpoint: Using org.apache.spark.storage.DefaultTopo
23/09/10 21:12:05 INFO BlockManagerMasterEndpoint: BlockManagerMasterEndpoint up
23/09/10 21:12:05 INFO DiskBlockManager: Created local directory at C:\Users\ywc\AppData\Loca
23/09/10 21:12:05 INFO MemoryStore: MemoryStore started with capacity 366.3 MB
23/09/10 21:12:05 INFO SparkEnv: Registering OutputCommitCoordinator
23/09/10 21:12:05 INFO Utils: Successfully started service 'SparkUI' on port 4040.
```

图 9.16 运行 Spark Streaming 直连 Kafka 的消费者程序

如果利用前面介绍的 kafka-console-producer.bat 作为生产者发送了如下的消息:

```
>k k k k
>m m k k
>m m k k
>z
>z
>z
>df
>df
>df
```

则结果将显示如下:

```
-------------------------------------------
Time: 2023-09-10 21:29:30
-------------------------------------------
('df', 3)
('k', 2)
('m', 2)
('z', 3)
```

本章小结

本章详细介绍了使用开源分布式计算框架 PySpark 处理分布式数据集的方法。首先介绍了弹性分布式数据集 RDD 的算子和 DataFrame 的基本操作。此处的 DataFrame 存储的也是结构化的数据,但不是 Pandas 中的 DataFrame,两种类型的 DataFrame 是可以相互转换的。RDD 与 DataFrame 之间的差别在于:DataFrame 比 RDD 的速度快。对于结构化的数据,使用 DataFrame 编写的代码更简洁。对于非结构化数据,建议先使用 RDD 处理成结构化数据,然后转换成 DataFrame。在 DataFame 中的操作包括读写 CSV 文件、查询、统计、创建、删除、去重、格式转换、SQL 操作等几方面。然后通过两个案例介绍了 Spark 机器学习库 Spark MLlib 的应用,分别是逻辑回归的 PySpark 实现和推荐系统的构建与实现。本章最后介绍了实时处理技术 Spark Streaming 的工作原理及使用方法,以及消息发布-订阅系统 Kafka,简单例举了利用 Kafka 进行实时计算的方法。

课 后 习 题

已知某系学生成绩数据集示例见表 9.5。表中各字段的含义是学号（XH）、姓名（NAME）、性别（SEX）、课程名称（COURSE_NAME）和课程成绩（SCORE）。请使用 PySpark 编程计算以下内容。

（1）该系总共有多少学生？

（2）该系共开设了多少门课程？

（3）王一苗同学的总成绩平均分是多少？

（4）求每名同学的选修的课程门数。

（5）该系 DataBase 课程共有多少人选修？

（6）各门课程的平均分是多少？

（7）使用累加器计算男女同学的人数。

表 9.5　某系学生成绩数据集示例

	XH	NAME	SEX	COURSE_NAME	SCORE
0	200702941101	魏竹	女	DataStructure	90
1	200702941102	万佳	女	DataBase	95
2	200702941103	李航	男	Algorithm	85.0
3	200702941104	王一苗	女	Compiler	85.0
4	200702941105	刘孙妙	女	DataBase	80

第10章

大数据应用综合案例

本章以微博数据获取与分析为例,通过 Beatiful Soup、MySQL 访问等相关技术,实现一个从数据获取、处理、存储到结果展示等功能为一体的综合案例。本案例要完成的任务是获取微博的评论数据,对评论进行处理、存储及分析后,对分析结果予以展示。

10.1 网络爬行器

网络爬行器(web crawler)又称网络爬虫、网页蜘蛛或网络机器人,是指按照一定的规则自动地抓取 Web 信息的程序或脚本。其执行的流程为:首先获取网页源码,然后从源码中提取相关信息,最后对信息进行处理或存储。在 Python 中,获取网页源码经常使用 urllib. request 模块或 requests_html 模块,解析源码使用的是 Beatiful Soup 模块。下面给出具体的编码。

1. 网页源码获取

首先通过 urllib. request 或 requests_html 模块获取网页的字节码,然后对字节码进行解码,由此可以获取网页的源码字符串。示例代码如下。

方法一:

```
from urllib import request
bd = request. urlopen('http://www. nepu. edu. cn/')
content = bd. read()
bd. close()
html = content. decode()
print(html)
```

方法二：

```
from requests_html import HTMLSession
session = HTMLSession()
start_url = "http://www.nepu.edu.cn"
res = session.get(start_url).content.decode()
print(res)
```

2.提取网页标签内容

常用于解析网页内容的方法是使用 Beautiful Soup 库。Beautiful Soup 是用于从 HTML 或 XML 标签中提取内容的 Python 库,可实现导航处理、搜索、修改分析树等功能。Beautiful Soup 自动将输入文档转换为 unicode 编码,输出文档转换为 utf-8 编码,因此使用过程中不需要考虑编码方式。Beautiful Soup 支持 Python 标准库中的 HTML 解析器,也支持一些第三方的解析器。默认情况下,将使用 lxml 解析器。需要注意的是,使用 Beautiful Soup 前要使用 pip 安装该库。

【**例 10.1**】　编码实现获取某网页并对其进行解析,显示其中的超链接信息。本例中的 re 模块提供了所有正则表达式的功能,可用来匹配某字符串结合。例如,re.compile("学生")表示含有"学生"的任意字符串;re.compile("\d+")表示含有至少一个数字的字符串。代码如下:

```
from requests_html import HTMLSession
from bs4 import BeautifulSoup
import re

session = HTMLSession()
start_url = "http://www.nepu.edu.cn"
res = session.get(start_url).content.decode()
print(res)
#解析获取的 HTML 文档
soup = BeautifulSoup(res)
#可以对文档格式进行美化
pret_soup = soup.prettify()

#提取 HTML 文档中所有的超链接属性信息及其标题
for a in soup.findAll(name='a'):
    print('attrs: ', a.attrs)
    print('string: ', a.string)
print('--------------------')
```

运行后的部分结果如下:

```
attrs: {'href': 'http://www.nepuqhd.net/', 'target': '_blank', 'onclick': '_addDynClicks("wburl", 1598682733,
string: 秦皇岛校区
--------------------
attrs: {'href': 'kstd/xs.htm', 'target': '_blank', 'onclick': '_addDynClicks("wburl", 1598682733, 64250)'}
string: 学生
--------------------
attrs: {'href': 'kstd/jzg.htm', 'target': '_blank', 'onclick': '_addDynClicks("wburl", 1598682733, 64251)'}
string: 教职工
--------------------
attrs: {'href': 'kstd/xy1.htm', 'target': '_blank', 'onclick': '_addDynClicks("wburl", 1598682733, 64253)'}
string: 校友
--------------------
attrs: {'href': 'kstd/ksjfk.htm', 'target': '_blank', 'onclick': '_addDynClicks("wburl", 1598682733, 64252)'}
string: 考生及访客
--------------------
```

```python
#提取标题中含有"学生"字样的超链接地址及其标题
for tag in soup.findAll(name='a', text=re.compile("学生")):
    print('href：', tag.attrs['href'])
    print('string：', tag.string)
```

运行后的部分结果如下：

```
href: kstd/xs.htm
string: 学生
href: http://gjjlhzc.nepu.edu.cn
string: 留学生教育
href: http://gjjy.nepu.edu.cn/
string: 留学生招生
href: http://dbsydx.bysjy.com.cn/index
string: 学生就业
href: http://xsc.nepu.edu.cn
string: 学生教育工作
href: info/1049/8779.htm
string: 【迎庆二十大 奋进新征程】我校学生热议党的二十大
```

10.2　案例需求分析

新浪微博是一款为大众提供娱乐休闲生活服务的信息分享和交流平台，用户可以通过PC、手机等多种移动终端接入，以文字、图片、视频等多媒体形式实现信息的即时分享、传播互动。微博包括转发、关注、评论、搜索和私信等功能。其中，转发功能是指用户可以把自己喜欢的内容一键转发到自己的微博，转发时还可以加上自己的评论。转发后所有关注自己的用户（也就是自己的粉丝）都能看见这条微博，他们也可以选择再转发，加入自己的评论，如此无限循环，信息就实现了传播。关注功能是指用户可以对自己喜欢的用户进行关注，成为这个用户的关注者（即"粉丝"），那么该用户的所有更新内容就会同步出现在自己的微博首页上。评论功能是指用户可以对任何一条微博进行评论。搜索功能是指用户可以在两个#之间插入某一话题。私信功能是指用户可以点击私信，给新浪微博上任意的一个开放了私信端口的用户发送私信，这条私信将只被对方看到，以此实现私密的交流。由于新浪微博具有门槛低、随时随地可以发布信息和接收信息、快速传播信息等特点，因此得到了人们的大量使用，而对于微博本身信息及其评论的获取和分析可以更好地服务于舆情信息管理与监控。

10.3　案　例　设　计

1. 系统功能设计

本案例要完成的任务是获取微博数据的评论，对评论进行处理、存储及分析后，对分析结果予以展示,展示结果包括词云图和频率最高的 20 个词汇的柱状图展示。微博评论数据分析系统功能模块图如图 10.1 所示。

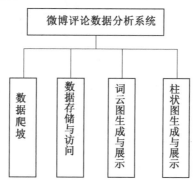

图 10.1　微博评论数据分析系统功能模块图

系统主要功能包括数据爬取、数据存储与访问、词云图生成与展示、柱状图生成与展示等。数据爬取模块主要完成从新浪微博网站中爬取博文评论相关的信息,将使用合适的 API 或爬虫技术来获取微博评论数据;数据存储与访问模块用于将爬取的评论数据进行处理后保存到 MySQL 数据库中;词云图生成与展示模块和柱状图生成与展示模块用于将爬取到的评论数据进行分词统计,并展示最终的结果,其中词云图使用 WordCloud 实现,柱状图使用 matplotlib 图库实现。

2. 数据库设计

本案例的数据库采用 MySQL 存储,只设计了一张用于存储评论相关信息的表 comments。结构定义如下:

```
CREATE TABLE 'comments'  (
    'weibo_id' varchar(50) CHARACTER　NOT NULL COMMENT '微博用户 ID',
    'screen_names' varchar(50) CHARACTER NULL DEFAULT NULL COMMENT '评论人昵称',
    'genders' varchar(2) CHARACTER NULL DEFAULT NULL COMMENT '评论人性别',
    'create_times' datetime(0) NULL DEFAULT NULL COMMENT '评论发表时间',
    'texts' varchar(2000) CHARACTER NULL DEFAULT NULL COMMENT '评论内容',
    'like_counts' int(0) NULL DEFAULT NULL COMMENT '点赞数',
    'note' varchar(1) CHARACTER NULL DEFAULT NULL COMMENT '标记字段',
    PRIMARY KEY ('weibo_id') USING BTREE
)
```

10.4　案例实现

1. 评论获取模块

评论数据获取的方法是首先登录关注人的微博首页,找到要关注的博文,点击图 10.2 所示微博博文打开方法界面中框起来的【分享】,则会出现【复制微博地址】字样,在浏览器打开该地址，点击评论。

图 10.2　微博博文打开方法界面

打开评论界面如图 10.3 所示，此时地址栏出现了"#comment"字样。

图 10.3　打开评论界面

然后点击网页调试工具 F12，在地址栏刷新微博地址。再点击选项卡左侧第二个图标转换为手机版，如图 10.4 中框起来的几处，可以取到手机版的 cookie，此 cookie 将在爬取评论时使用。

另外，为运行爬取程序，电脑中需要修改本机的 HOSTS 文件，将 weibo.com 的 ip 地址39.156.6.91加进去，HOSTS 文件内容设置如图 10.5 所示。

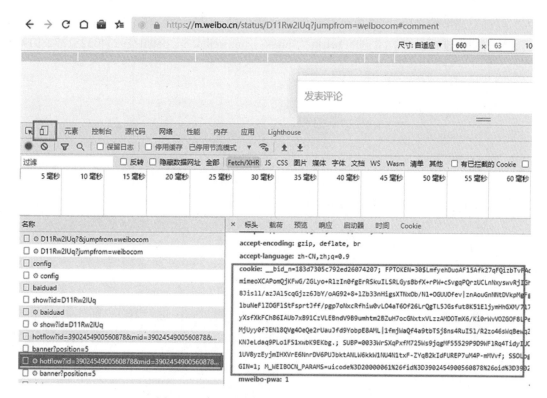

图 10.4　打开网页调试工具并显示手机版网页

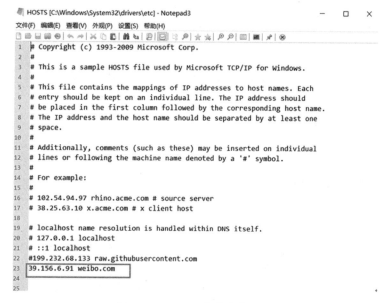

图 10.5　HOSTS 文件内容设置

经过上述操作之后,可以取到评论爬取代码中的 cookie 值。评论数据的 url 可以根据自己关注的博文进行设定。本例的 url 值为 https：//m. weibo. cn/detail/4923403281372891#comment。

评论爬取代码如下：

```
import requests
import datetime
import re, time


from requests_html import HTMLSession
session = HTMLSession()


#微博评论的 URL
#url1 = f'https：//m. weibo. cn/detail/4923403281372891#comment'
#获取微博评论数据的 URL,可通过网页调试工具对 url1 进行调试得到
  url = f' https：// m. weibo. cn/comments/hotflow? id = 4923403281372891&mid =
4923403281372891&max_id_type=0'


#访问微博的 cookie,可通过网页调试工具取到
pass_wd = " = 187748ee155987b5944207;
FPTOKEN=mBE/+eve67tsXRQB//Mp08yvG//S7rvFI7aTbNqInE8+gk0zR44abi64ADhtzB/
pPwHAt9PKA/
UdJylsMpR5xAQvZz2205t7LX4j79f28w+536HX0WiNaLF3QiHaruFcqV70gg9TB5CFKauYaQdNf5ED+
u8FFsSjK8ada6UJjkP/XzzL2LW++umtUyR+i88BUz5YpdCEqXG/kWDXDMTYcSBoHIAlNo7Mn-
locYHuG9jTlCLBfLKL2HK62YutD6g4s/IZdh3OJAuKeKo6T2    VhzdGVSkjVaUjngCvR4nCk7sipe
DSsdk3IX6mjfDIFhmp9mdmuRQtW+T4+/aFLEOrzwynWJjiICjsEfnQNhngpgoXVRbUfb2JXu8
XYt03rZMy25uHQi1binmAqZhKcN/Ysxqu+ cnmybNnwesiIsSnnkZYhJn/ QZWCZHGSwxI5nOtEiw  |
EZM7X84VgtNzZ6Zbp3GUTlYbGCljeNciNjVZ9RYdRm8 = |10|962dd74d6ddbe737420c3ec78aa5c15e; _T_
WM = 95711229050; WEIBOCN_FROM = 1110006030; SSOLoginState = 1689578093; ALF =
1692170093; MLOGIN = 1; SCF = Amd9najeFgdsFcQtLjqQQL5vKOA3ojba9Giqjv5useoE-1UX-
AGmqtBRYa0af8wL-aWYPp1SOiUm2XnLT5s4Rl4.; SUB=_2A25JsJo9DeRhGeRN71UV8yzEyjmIHXVrWiZ1
rDV6PUJbktAGLXnkkW1NU4N1t2Bolym3PYebWG4RN-bzfjRobAkM; SUBP=0033WrSXqPxfM725Ws9jqg
MF55529P9D9WFlRq4TidyIUOW2ceKcpsVK5JpX5K-hUgL. Foz0ShMXe0zReK-2dJLoI740UGiadJUodc9
J9gH. MBtt; XSRF-TOKEN=693a8e; mweibo_short_token=953b3a4a3d; M_WEIBOCN_PARAMS=oid%
3D4924526418985994%26luicode%3D20000061%26lfid%3D4924526418985994%26uicode%3D20000061%
26fid%3D4924526418985994"
    #发送请求并获取微博评论数据
  response = requests. get( url)
```

```python
#获取包含评论各项信息的 JSON 串
start_url = 'https://m.weibo.cn/comments/hotflow?'
headers_2 = {
            "referer": "https://m.weibo.cn/detail/4923403281372891",
            'cookie': pass_wd,

            'user-agent': 'Mozilla/5.0 (Linux; Android 6.0; Nexus 5 Build/MRA58N)
AppleWebKit/537.36 (KHTML, like Gecko) Chrome/91.0.4472.101 Mobile Safari/537.36'

        }
weibo_id = '4923403281372891'
data = {
    'id': weibo_id,
    'mid': weibo_id,
    'max_id_type':0
}
response = session.get(start_url, headers=headers_2, params=data, verify=False).json
()
"""提取翻页的 max_id"""
max_id = response['data']['max_id']
"""提取翻页的 max_id_type"""
max_id_type = response['data']['max_id_type']
"""构造 GET 请求参数"""
data = {
    'id': weibo_id,
    'mid': weibo_id,
    'max_id': max_id,
    'max_id_type': max_id_type
}
latest_comments = []

def getNextPage(start_url,max_id,headers_2,data):
    if max_id! =0:
    response = session.get(start_url, headers=headers_2,
                params=data, verify=False).json()
        """提取翻页的 max_id"""
```

```python
        max_id = response['data']['max_id']
        """提取翻页的 max_id_type"""
        max_id_type = response['data']['max_id_type']
        """构造 GET 请求参数"""
        print(max_id)
        data = {
            'id': weibo_id,
            'mid': weibo_id,
            'max_id': max_id,
            'max_id_type': max_id_type
        }
        getResponse(response)
        getNextPage(start_url, max_id, headers_2, data)
    else:
        return
def getResponse(response):
    #指定最新或某日期的微博评论
    latest_date = None #显示最新日期的
    latest_date = datetime.datetime(1900, 5, 1).date() #获取指定日期之前的

    comments = response['data']['data']
    for data_json_dict in comments:

        #提取评论内容
        texts_1 = data_json_dict['text']

        #需要 sub 替换掉标签内容
        alts = ''.join(re.findall(r'alt=(.*?) ', texts_1))
        texts = re.sub("<span.*? </span>", alts, texts_1)
        texts = texts[0:texts.find('[')]
        #点赞量
        like_counts = str(data_json_dict['like_count'])

        #评论时间    格林威治时间---需要转化为北京时间
        created_at = data_json_dict['created_at']
```

```
        std_transfer = '%a %b %d %H:%M:%S %z %Y'

        create_times = str(datetime.datetime.strptime(created_at, std_transfer))


        #性别  提取出来的是 f
        gender = data_json_dict['user']['gender']
        genders = '女'  if gender == 'f' else '男'


        #用户名
        screen_names = data_json_dict['user']['screen_name']
        print(screen_names, genders, create_times, texts, like_counts)


        #评论发表日期
        newdate = datetime.datetime.strptime(created_at[4:10]+','+created_at[-4:],'%b
%d,%Y').date()
        #判断日期是否为最新日期
        #if latest_date is None or newdate > latest_date:
            #latest_date = newdate 显示最新日期的
        latest_comments.append(texts)


getResponse(response)
getNextPage(start_url,max_id,headers_2,data)


#打印最新日期的微博评论
for comment in latest_comments:
    print(comment)
```

2. 数据存储模块

爬取的评论数据将存储到 MySQL 数据库中。其中,pymysql 为 python 操作 MySQL 的模块,需要使用 pip 进行安装。操作 MySQL 的代码如下:

```
import pymysql


#连接到 MySQL 数据库
def connect_to_database():
    try:
        conn = pymysql.connect(host='localhost',port=3306,
```

```
                            user = 'root', password = 'root', db = 'weibo', charset = 'utf8')
            print("Connected to the database")
            return conn
        except pymysql. Error as error:
            print("Failed to connect to the database: {}".format(error))


#关闭数据库连接
def close_connection(conn):
    if conn:
        conn. close()
        print("Database connection closed")


#执行查询语句
def execute_query(conn, query):
    cursor = conn. cursor()
    try:
        cursor. execute(query)
        result = cursor. fetchall()
        return result
    except pymysql. Error as error:
        print("Failed to execute query: {}".format(error))
    finally:
        cursor. close()


#示例:查询评论数据并打印结果
def retrieve_comments(conn, query):
    result = execute_query(conn, query)
    if result:
        for row in result:
            print(row)


#示例:插入评论数据
def insert_comment(conn, weibo_id, screen_names, genders, texts, create_times, like_counts):
    query = "insert into
comments(weibo_id, screen_names, genders, texts, create_times, like_counts)
```

```
values (%s,%s,%s,%s,%s,%s)"
    cursor = conn.cursor()
    try:
        cursor.execute(query,
(weibo_id,screen_names,genders,texts,create_times,like_counts))
        conn.commit()
        print("Comment inserted successfully")
    except pymysql.Error as error:
        conn.rollback()
        print("Failed to insert comment: {}".format(error))
    finally:
        cursor.close()
```

#示例:更新评论数据

```
def update_comment(conn, comment_id, new_comment):
    query = "UPDATE comments SET texts = %s WHERE weibo_id = %s"
    cursor = conn.cursor()
    try:
        cursor.execute(query, (new_comment, comment_id))
        conn.commit()
        print("Comment updated successfully")
    except pymysql.Error as error:
        conn.rollback()
        print("Failed to update comment: {}".format(error))
    finally:
        cursor.close()
```

#示例:删除评论数据

```
def delete_comment(conn, comment_id):
    query = "DELETE FROM comments WHERE weibo_id = %s"
    cursor = conn.cursor()
    try:
        cursor.execute(query, (comment_id,))
        conn.commit()
        print("Comment deleted successfully")
```

```
        except pymysql. Error as error：
            conn. rollback( )
            print( "Failed to delete comment：{}". format( error) )
    finally：
            cursor. close( )
```

#使用示例
```
conn = connect_to_database( )
```

#执行查询语句
```
query = "SELECT * FROM comments"
retrieve_comments( conn, query)
```

#插入新的评论
```
insert_comment( conn, '11117', 'wang', '男', 'nihao', '2009-9-9 23:22:11', 20)
```
#更新评论
```
update_comment( conn, '11116', "说得太棒了")
```

#删除评论
```
delete_comment( conn, '11115')
```

#关闭数据库连接
```
close_connection( conn)
```

3. 词云图展示模块

对最新取到的评论数据 latest_comments 进行分词,并通过词云图的方式显示分词统计后的结果。

```
def wcplot( plot)：
    list = [ x for one in   latest_comments for x in jieba. cut( one) if ( len( x) >=2) & ( '%' not
in x) ]
    voa = Counter( list)
wc = WordCloud( font_path = 'Microsoft YaHei Bold. ttf', background_color = "white" )
. fit_words( voa)
plot. imshow( wc)
    plot. axis( 'off')
plot. set_title( "词云图")
```

4. 柱状图展示模块

以柱状图的方式显示频率最高的 20 个词汇。

```python
def zzplot(cavs):
    list = [x for one in latest_comments for x in jieba.cut(one) if (len(x)>=2) & ('%' not in x)]
    voa = Counter(list)
    dvoa = dict(voa.most_common(20))
    x = dvoa.keys()
    y = dvoa.values()

    cavs.bar(x, y, color='g')

    cavs.set_title('频率最高的 20 个词汇', fontsize=10)
    cavs.set_xlabel('词汇', fontsize=10)
    cavs.set_ylabel('频率', fontsize=10)
    cavs.set_xticklabels(labels=x, rotation=90)
    for a, b in zip(x, y):
        cavs.text(a, b+1, b, ha='center', va='bottom')
```

5. 结果展示模块

将词云图和柱状图显示在一个窗体中。

```python
import tkinter
from matplotlib.backends.backend_tkagg import FigureCanvasTkAgg, NavigationToolbar2Tk
from wordcloud import WordCloud
import matplotlib.pyplot as plt
from matplotlib.figure import Figure
import jieba
from collections import Counter
import warnings
warnings.filterwarnings('ignore')
plt.rcParams['font.sans-serif'] = ['SimHei']

#创建 Tkinter 窗口
root = tkinter.Tk()
root.title("评论数据展示")
```

```
f = Figure(figsize=(8,8), dpi=100)
a = f.add_subplot(211)
#显示词云图
wcplot(a)
ax = f.add_subplot(212)
#显示柱状图
zzplot(ax)
#创建绘图区域
canvas = FigureCanvasTkAgg(f, master=root)
canvas.draw()
canvas.get_tk_widget().pack()
#运行 Tkinter 事件循环
root.mainloop()
```

案例运行结果如图 10.6 所示。

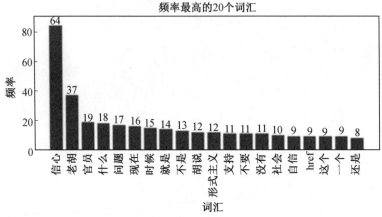

图 10.6　案例运行结果

本 章 小 结

本章介绍了大数据应用的一个综合案例。首先介绍了案例中相关的技术——网络爬行器,通过使用 urllib. request 或 requests_html 模块可以从互联网中获取需要的资源,基于此项技术设计并实现了一个案例——微博评论数据的分析系统。

课 后 习 题

1. 编程实现对网站 RUNOOB. COM 中的"Python 练习 100 例"(URL 为 http:∥www. runoob. com/python/python-100-examples. html)习题的爬取,并将爬取的习题内容保存到 Excel 文件中。

2. 上机完成本章综合案例的的操作实践。

参 考 文 献

[1]林子雨. 大数据技术原理与应用:概念、存储、处理、分析与应用[M]. 2 版. 北京:人民邮电出版社,2017.

[2]维克托,肯尼恩. 大数据时代:生活、工作与思维的大变革[M]. 盛杨燕,周涛,译. 杭州:浙江人民出版社,2013.

[3]约瑟夫. 预测分析:Python 语言实现[M].余水清,译. 北京:机械工业出版社, 2017.

[4]余本国. 基于 Python 的大数据分析基础及实战[M]. 北京:中国水利水电出版社,2018.

[5]周苏,王文. 大数据导论[M]. 北京:清华大学出版社,2016.

[6]黑马程序员. Spark 大数据分析与实战[M]. 北京:清华大学出版社,2019.

[7]董付国. Python 数据分析、挖掘与可视化[M]. 北京:人民邮电出版社,2020.

[8]吕云翔,李伊琳,张雅素,等. Python 数据分析实战[M]. 北京:清华大学出版社,2019.

[9]欧文斯,伦茨,费米亚诺. Hadoop 实战手册[M]. 傅杰,赵磊,卢学裕,译. 北京:人民邮电出版社,2017.

[10]尚贝尔,扎哈里亚. Spark 权威指南[M]. 张岩峰,王方京,译. 北京:中国电力出版社,2020. U.

[11]BIRD, KLEIN, LOPER. Natural language processing with python[M]. Sebastopol:O'Reilly Media, Inc. ,2009.

[12]汪明. Python 大数据处理库 PySpark 实战[M]. 北京:清华大学出版社,2021.

[13]MORO S, CORTEZ P, RITA P. A data-driven approach to predict the success of bank telemarketing[J]. Decision Support Systems, Elsevier, 2014,6(62):22-31.

[14]HARPER,KONSTAN. The movielens datasets:history and context[J]. ACM Transactions on Interactive Intelligent Systems,England,2015,5(4):19.

[15]普拉莫德. PySpark 机器学习、自然语言处理与推荐系统[M].蒲成,译. 北京:清华大学出版社,2019.